궁극의
질문들

현대
과학의
최전선

이명현 엮음

대한민국 대표 과학자와 커뮤니케이터가 말하는
우주, 생명, 미래에 관한 최신 과학들

사이언스
SCIENCE BOOKS 북스

궁극의 질문을 궁리하는

모든 이들을 위하여

들어가며

과학에서 최전선이란, 궁극이란, 그리고 끝이란

동시대성을 이야기하면서 과학을 빼놓을 수 없는 시대가 되었다. 아니, 과학을 이야기해야만 동시대를 호흡하고 향유할 수 있는 세상이 되었다. 과학을 이해한다는 것, 과학에 대해서 말한다는 것, 더 나아가서 과학을 누린다는 것이야말로 현대적이고 동시대적인 태도이자 삶의 양식이라고도 말할 수 있겠다.

모든 사람이 과학자가 될 필요는 없다. 그럴 수도 없다. 과학자는 과학자대로 자신의 위치에서 더 철저한 연구 현장을 만들고 일반인들은 과학이 바탕이 된 세상을 과학적이고 올바르게 이해하면 된다.

과학 연구의 현장은 늘 최전선이었다. 각광 받고 유행하는 연구 주제에 몰린 과학자들이 경쟁하는 현장이나, 오래된 질문을 붙잡고 더디지만 끈질기게 연구를 이어 가는 곳도 과학의 최전선이다.

과학의 최전선에서 벌어지고 있는 일들은 어쩌면 질문들의 향연일지도 모른다. 축적된 과학 지식을 바탕으로 해결할 수 있는 구체적인 질문을 던지고 그것을 해결하기 위해서 노력하는 현장이 과학의 최전선일 것이다. 과학의 최전선에서 던져진 질문들은 그래서 아주 구체적이고 이론적인 검증의 과정에 기꺼이 올랐거나 관측과 실험의 검증대를 통과하고 있는 것들이 많다.

하지만 아직 완전히 해결되었다고 말하기는 이른 질문들이 대부분일 것이다. 해결 가능한 질문을 만드는 것은 아주 중요하다. 그래야 답을 내놓을 수 있기 때문이다. 질문을 잘게 쪼개는 작업이 무척 중요하다. 그런데 해결 가능한 질문으로 쪼개지면 쪼개질수록 처음 던졌던 거대 담론은 종종 사라져 버린다. 과학의 최전선이라고 하니 마치 세상의 모든 거대 담론과 궁극의 질문이 넘쳐날 것 같지만, 사실은 쪼개진 작은 질문들의 각축장이 과학의 최전선인지도 모른다. 이 작은 질문들에 매달린 과학자들은, 의식하든, 의식하지 않든, 과학의 최전선을 만들고, 조금씩 앞으로 밀고 나가는데, 인류 지식의 지평을 넓히는 데 이바지한다.

과학자 한 사람, 한 사람이 매달린 질문이 작디작다는 것은 과학 밖의 사람들이 볼 때 의외일 것이다. 그래서인지 막상 과학의 최전선을 들여다보고는 실망하는 사람들도 적지 않다. 물론, 과학의 최전선에서 튀어나오는 날것의 최신 정보에 일반인들이 함께 열광하고 경이로움을 느낄 수는 있다. 하지만 그 배경과 맥락을 이해하는 것은 쉽지 않다. 이 작은 질문에 대한 자그마한 성과가 과학자들의 영혼을 사로잡은 궁극의 질문을 해결하는 데 어떤 역할을 했는지, 그 과학사적, 문명사적 맥락을 이해하지 못한다면, 그 성과를 온전히 향유할 수 없을 것이다. 그런 의미에서 과학의 최전선에서 각축하는 작은 질문들을 한데 묶어 주는 '궁극의 질문'이 무엇인지 알아야 한다고 생각한다.

궁극의 질문의 전형은 기원에 대한 것이다. 기원에 대한 탐구는 전통적으로 철학의 영역이었다. 우주를 전체적으로 다루는 우주론도 알베르트 아인슈타인(Albert Einstein)이 일반 상대성 이론을 바탕으로 우주 전체를 하나의 식에서 다루는 작업을 시작한 1917년이 되어서야 과학의 영역으로 넘어왔다. 1929년에 에드윈 허블(Edwin Hubble)과 동료들이 우주가 팽창한다는 관측 증거를 발견하면서 우주론은 천문학의 품에 안기게 되었다. 우주의 기원과 우주의 진화를 다루는 우주론은 과학이 다루는 중요한 기원의 문제가 되었다. 우주론을 이야기하면서 과학적 접근을 배제한 그 어떤 접근도 그저 공허한 공상일 뿐이다.

생명의 특성에 대한 이야기를 할 때 지구라고 하는 환경 조건과 그것의 기원인 우주에서의 물질의 기원에 대한 이야기를 하지 않을 도리가 없다. 인간의 본성과 행동에 대한 기원을 알려면 진화 심리학과 진화 생물학이 바탕이 되어야만 한다. 우주란 무엇인가? 우주는 어떻게 탄생했고 진화하는가? 우주의 운명은? 물질의 기원은? 생명이란 무엇인가? 생명은 어떻게 창발했는가? 외계 생명체는 존재할 것인가?

인간이 언제부터 이런 질문을 던졌는지 그 기원을 찾기는 쉽지 않다. 인간이 인지를 발달시키고 가상의 세계를 인지하기 시작했을 무렵에 이미 이런 질문들의 싹이 나고 있었을 것이다. 이런 궁극적인 질문들은 철학이 그 답을 구하려고 노력하던 단계를 거쳤다. 1,000년이 넘는 옛날에 던졌던 질문이나 수백 년 전에 던졌던 질문이나 궁극적인 내용과 틀은 변한 것이 없다.

궁극의 질문이란 그런 것이다. 인간의 지성 발달사와 그 궤를 같이했다. 같은 질문이 시대를 관통하면서 계속 이어졌다. 시대마다 그 시대의 최첨단의 방식을 사용해서 나름의 답을 얻으려고 노력했다.

지금은 궁극의 질문들에 과학이 답을 할 때다. 궁극의 질문들에 대한 답을 정량적으로 얻을 수 있는, 우리가 알고 있는 유일한 방식이 과학이다. 현대 과학은 오래된 궁극의 질문들을 쪼개서 해결 가능한 질문들로 만든다. 과학자들은 이렇게 쪼개진 구체적인 질문에 대한 답을 찾기 위해서 과학의 최전선에서 연구를 수행하고 있다.

흔히 대가라고 하는 과학자들은 쪼개고 구체화한 질문에 대한 파편적인 답을 모으고 엮어서 궁극의 질문들에 대한 그 시대의 답을 내놓는 역할을 한다. 오래된 궁극의 질문들에 대한 최첨단의 답이 탄생하는 것이다. 해결된 것도 있고 해결의 실마리가 보이는 것도 있다. 한편 여전히 질문만 있고 답을 알 길이 없는 것도 있다. 어떻게 질문을 쪼개서 던져야 할지 모르는 것도 있다. 과학의 최전선에서 튀어나온 궁극의 질문들과 그 해답을 잘 번역해서 일상의 언어로 알려 줄 과학 커뮤니케이터의 역할이 한껏 중요해진 시대다.

과학자의 연구 현장과 일반인들 사이에는 다른 어느 분야나

마찬가지로 큰 벽이 있다. 과학자들은 주로 학회와 과학 저널을 통해서 소통한다. 일반인들은 그곳에서 벌어지는 일들을 일상 언어로 번역한 교양 과학책이나 매체를 통해서 알 수 있다. 현대 과학이 복잡해지고 정교해지면서 과학자 사회와 일반인을 잘 연결하는 일이 화두가 되었다. 현대 과학이 성취한 성과는 물론이고 그것이 갖는 사회적인 의미를 일반들에게 전달하는 과학 커뮤니케이터의 역할이 더욱더 중요해졌다. 과학이 학문으로서의 과학에서 문화로서의 과학으로까지 그 시대적 소명을 넓혀야 하는 세상이다.

우리는 과학이 과학자들만의 전유물이 아닌 열린 사회에 살고 있다. 과학자들과 과학 커뮤니케이터들은 과학의 현장에서 벌어지고 있는 일들을 일반인들에게 잘 알리고 전달할 의무가 있다. 일반인들은 인류의 공동 문화 유산인 과학적 성취를 듣고 알아야 할 권리가 있다.

과학의 최전선이라는 말을 할 때도 그 의미를 잘 따져 봐야 한다. 이 책의 글들은 과학의 최전선에서 현대판 궁극의 질문들에 답하려는 과학자들의 노력과 성취에 대해 이야기할 것이다. 과학자들이 이룬 것과 이루려고 노력하고 있는 것 그리고 아직은 미지의 영역으로 남은 것들에 대한 이야기를 담을 것이다. 과학자의 세계와 일반인들의 과학 감수성을 모두 다 잘 아는 과학자이자 동시에 과학 커뮤니케이터인 필자들이 과학 연구 현장의 결과물을 번역하고 통역하고 해석해서 내놓을 예정이다.

오래된 질문에 대한 아직은 완결되지 못한 현대 과학의 결론을 보는 재미가 있을 것이다. 어떻게 궁극의 질문들이 잘게 쪼개져서

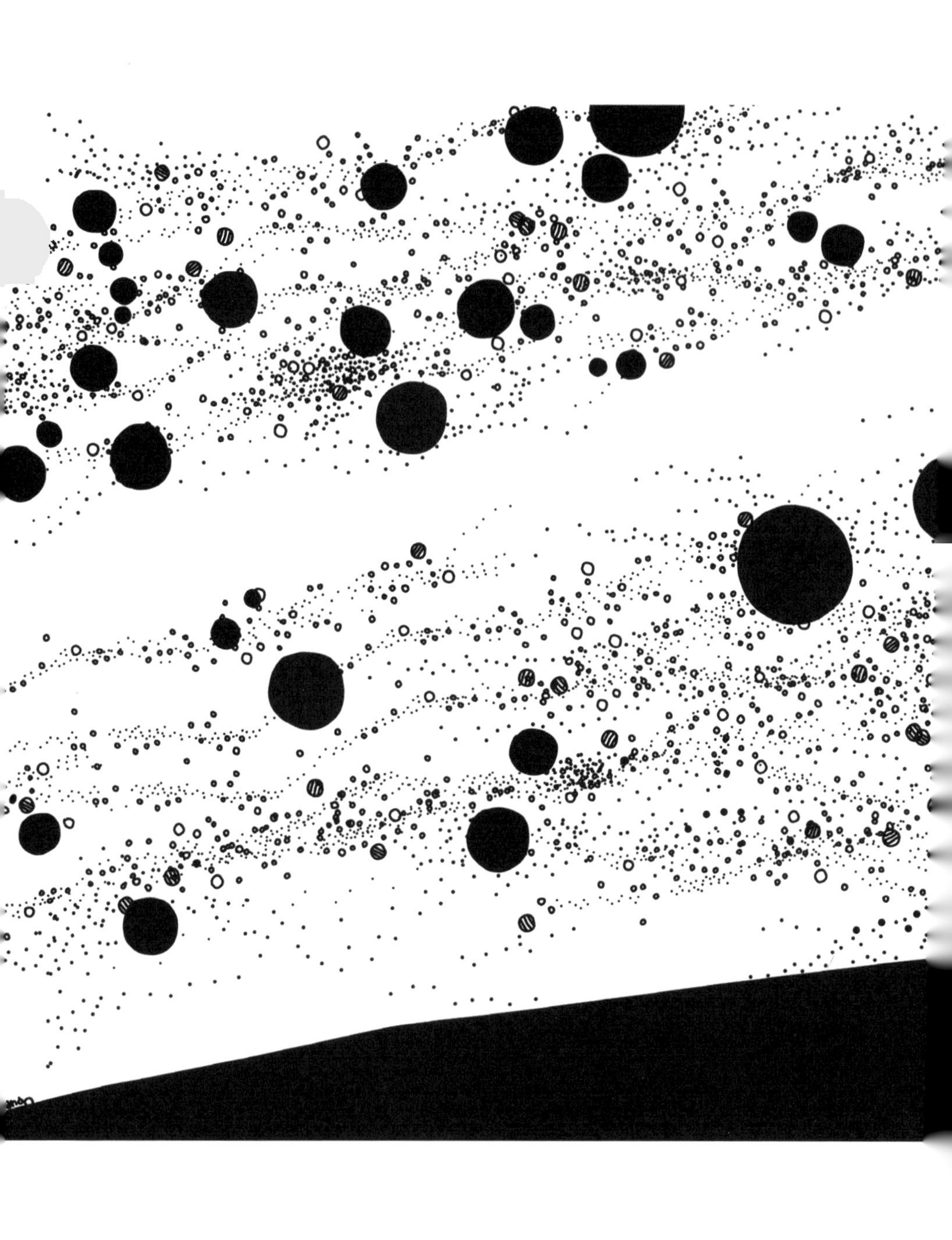

구체적인 질문으로 던져지는지, 그 질문에 대해서 현대 과학은 또 어떻게 답하고 있는지 염두에 두면서 글을 읽으면 좋을 것이다.

과학 현장에서 느끼는 최전선과 일반인이 체감하는 과학의 최전선 사이에도 간극이 있을 것이다. 과학자의 직업적인 관심사와 일반인의 교양으로서의 관심사가 다르기 때문이다. 과학 연구의 현장에서 큰 이슈가 되고 있더라도, 다소 지엽적이거나 기술적인 것들은 제외했다. 다소 오래된 질문이라도 여전히 일반인 사이에서는 커다란 관심사로 남아 있는 주제들은 포함시켰다.

이 책에 실린 글들이 과학 연구의 현장과 일반인이 가진 관심의 간극을 균형감 있고 전문적으로 메울 것으로 기대한다. 현대를 살아가는 교양인이라면 마땅히 알아야 할 권리로서의 과학 그리고 과학문화를 맛볼 좋은 기회가 될 것이라고 믿는다. 21세기의 핵심 교양은 과학이다. 오래된 질문과 동시대적인 해답을 목격하면서, 과학을 교양으로 받아들이고 동시대를 호흡하면서 과학을 문화로 향유하고 교양으로 내재화하는 데 이 책이 작게나마 도움을 주었으면 좋겠다.

이명현(천문학자, 과학책방 갈다 대표)

차례

2부 생명의 시작과 끝

3부 우리 행성의 끝

4부 과학의 끝

1부

우주의 끝

1.
물질의 최소 단위를 찾는 모험의 끝은? 입자 물리학의 표준 모형을 넘어서

양자 전기 역학을 완성한 이론 물리학자 리처드 파인만(Richard P. Feynman)은 20세기에 인류가 얻은 물리학적 지식 중에서 매우 오랫동안, 아마도 1,000년 이상 이어질 지식의 하나로 원자론을 꼽은 적이 있다. 우리 주변에서 볼 수 있는 모든 물질, 컴퓨터, 책상, 커피잔, 인간, 시계, 건물, 지구, 달, 태양, 은하를 포함한 그야말로 삼라만상의 내부를 자세히 들여다보면 결국 원자를 만나게 된다. 파인만이 말한 원자는 화학에서 말하는 분자를 이루는 기본 알갱이로도 볼 수 있겠지만, 이 화학적 원자를 이루는 보다 근본적인 물질로 확대해서 생각할 수 있을 듯하다. 20세기 초반에 화학적 원자에 도달한 인류는 21세기에는 그보다 훨씬 작은 원자핵의 내부까지 들여다보는 수준에 이미 도달했다.

고대 그리스 철학자들의 사변을 뛰어넘어, 현대적인 의미에서 물질의 최소 단위인 기본 입자의 발견은 1897년 전자 그리고 1900년 광자의 발견으로부터 시작했다고 볼 수 있다. 전자는 페르미 입자(Fermi particle, fermion) 중 첫 번째로 발견된 입자이고, 광자는 보스 입자(Bose particle, boson) 중 첫 번째로 발견된 입자인데, 각각 '물질을 이루는 입자'와 '힘을 전달하는 입자'의 대표적 입자로 생각할 수 있다.

페르미 입자는 소위 파울리의 배타 원리를 따르며 서로 뭉치지 않으려는 성질이 있다. 바로 이 성질 때문에 부피와 구조를 가지는 물질을 이루게 된다. 입자들 사이를 마치 부메랑이 날아다니듯 왕복 운동을 하면서 힘을 전달하는 역할은 보스 입자가 담당한다. 이러한 성질을 정밀하게 기술하는 이론을 '양자 게이지 이론'이라고 부르는데, 그 수학적, 물리학적 구조는 매우 치밀하게 짜여 있지만, 그 내용의 핵심은 앞서 말한 것처럼 단순하다. 이 깨달음을 얻고, 실험을 통해 정밀하게 검증한 것이 지난 100여 년 동안 물질과 힘의 근본을 찾는 모험에서 인류가 획득한 가장 깊은 물리학적 성취라고 할 수 있을 것이다.

전자만 모아서 보다 큰 복합 구조물을 만들 수 있을까? 전자는 음전하를 띠고 있어서 모으려 하면 척력이 작용해 서로 밀쳐 버리게 된다. 이를 피하기 위해서는 전기적으로 중성인 상태를 이루는 것이 유리하다. 실제로 원자 수준 이상의 큰 구조를 이루기 위해서는 전자와 짝을 이룰 양전하를 띤 입자, 즉 핵 입자가 필요하다. 가장 단순한 원자인 수소의 경우 양성자가 바로 원자핵을 이룬다. 양성자뿐 아니라, 양성자와 닮았지만 전기적으로 중성인 입자인 중성자도 존재하는데, 더 큰 원자핵을 이루는 부분이 된다. 원자핵을 이루는 양성자

수가 커지면 더 많은 수의 전자가 결합해 중성인 원자를 이루게 된다. 전자의 수에 따라 원자의 전기적 성질에서 반복적인 패턴이 나타나는데, 이것이 바로 주기율표가 만들어지는 근본 원리라고 볼 수 있다.

원자핵을 이루는 입자인 양성자와 중성자는 실은 기본 입자가 아니다. 양성자와 중성자에 높은 에너지의 전자를 충돌시켜 보면 양성자와 중성자 모두 내부에 구조가 있음을 알 수 있다. 마치 작은 구슬들이 주머니 안에서 달각거리는 것처럼, 원자핵의 내부에는 쿼크(quark)라고 부르는 입자들이 존재한다는 것이 밝혀졌다. 원자핵은 원자에 비해서 매우 작기 때문에 쿼크들을 묶어 두기 위해서는 전자기력보다 훨씬 강한 힘이 필요하다. 이 힘을 강한 핵력 또는 강력이라고 부른다. 이 힘은 글루온(gluon)이라는 보스 입자에 의해 매개된다.

현재까지 발견된 쿼크는 총 여섯 종류가 있다. 가벼운 순서대로 위(up), 아래(down), 이상한(strange), 매력적인(charm), 바닥(bottom), 꼭대기(top)라는 재미난 이름으로 불리며, 입자 가속기의 고에너지 충돌 실험과 우주에서 날아오는 우주선(cosmic ray) 입자 검출 실험 등을 통해 그 존재가 밝혀졌다. 흥미롭게도 쿼크의 여섯 종류에 대응하는 전자와 중성미자도 딱 여섯 종류가 있다.

2020년 현재 인류가 도달해 '볼' 수 있는 최소한의 길이는 대략 원자핵 크기의 1만분의 1 정도이다. 인류는 대형 하드론 충돌기(Large Hadron Collider, LHC)라는 스위스 제네바의 실험 장치를 통해 이 길이에 도달했다. LHC 실험을 통해 힉스 입자를 새로 발견했고, 12개의 물질 입자와 강력, 약력, 전자기력을 매개하는 입자들도 모두

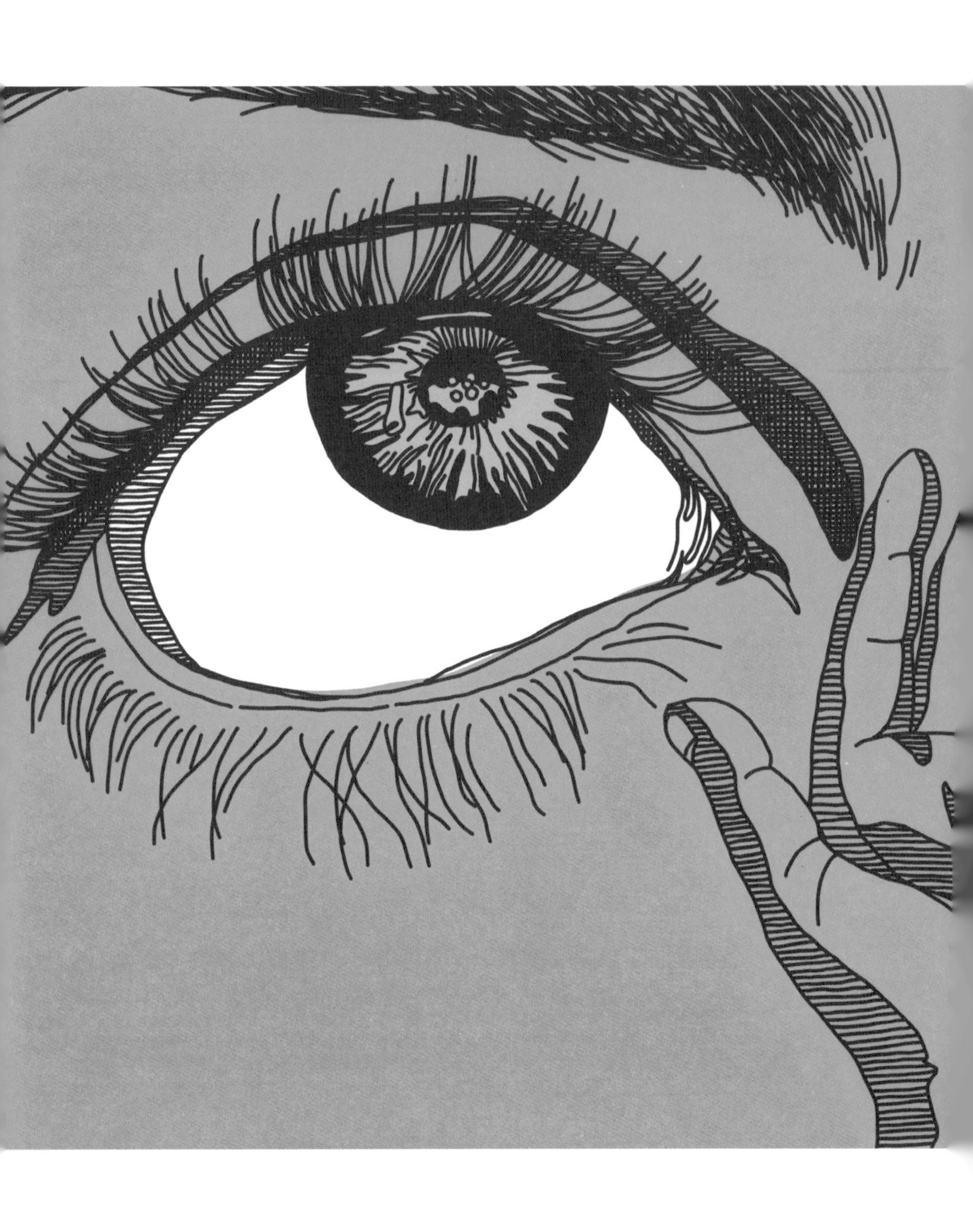

정밀하게 확인되었다. 그런데 과연 현재까지 발견된 입자가 모든 물질의 기본 입자일까?

아마도 아닐 것이다. 쿼크와 전자, 중성미자 등 이른바 표준 모형 입자가 우주 물질을 모두 설명할 수는 없다는 것이 21세기에 정밀한 우주 관측 실험을 통해 이미 밝혀졌기 때문이다. 암흑 물질(dark matter)이라고 불리는 새로운 종류의 물질은 그 정체가 확인되지 않았지만, 전체 물질 성분의 85퍼센트가량을 차지하고 있다. 이 물질은 빛을 내지 않기 때문에 과학 관측을 통해 직접 확인되지 않지만, 다양한 중력 현상을 통해서는 그 정체를 이미 드러냈다. 예를 들어, 충돌하는 은하를 자세히 관측해 보면 중력 렌즈 효과 등을 통해서 질량 분포 지도를 만들 수 있는데, 이때 엑스선 등 빛을 이용한 관측을 통해 '보이는' 물질 분포와 비교해 보면 놀랍게도 '보이지 않는' 물질이 훨씬 더 많이 있다는 것을 '눈으로' 확인할 수 있다.

물론 중성미자 등을 이미 알고 있기에, 애초에 빛을 내지 않는 물질의 존재 자체가 놀라운 것은 아니다. 하지만 현재 인류가 가지고 있는 가장 정밀한 물리학 이론인 입자 물리학 표준 모형의 어떠한 입자도 암흑 물질을 설명할 수 없다는 것이 밝혀졌으니 물리학자들은 정말로 고민에 빠질 수밖에 없다.

이론가들은 암흑 물질의 후보가 될 수 있는 새로운 물질을 여럿 제시했다. 그중 가장 널리 알려진 후보로 이휘소 박사가 제시한 '약하게 상호 작용하는 무거운 입자'인 윔프(WIMP)가 있다. 윔프는 암흑 물질이 만족해야 할 물리적 조건들, 즉 무겁고, 차갑고, 빛을 내지 않는다는 성질을 갖도록 이론적으로 고안된 입자의 이름인데, 윔프가 한 종류인지, 윔프들 사이에는 어떤 상호 작용이 가능한지 등이 전혀 정해지지 않았기 때문에 일종의 '가족 이름' 정도로 생각할 수 있겠다.

윔프를 찾기 위한 다양한 실험들이 수십 년째 진행되고 있지만, 번번이 검출에 실패해 아직도 그 정체는 미스터리로 남은 상황이다. 한국의 학자들도 윔프를 찾는 경쟁에 당당히 이름을 걸고 있다. 서울 대학교 김선기 교수가 1999년 시작한 KIMS(Korea Invisible Mass Search) 실험이 시작이었고, 김영덕 단장이 이끄는 IBS 지하 연구단(Center for Underground Physics, CUP)의 COSINE 실험이 이 실험을 이어받아 경쟁력 있는 연구 성과를 내놓고 있다.

최근 이탈리아 그란 사소에 위치한 XENON1t 연구진이 일반적인 윔프의 질량 범위보다 훨씬 가벼운 영역에서 전자와 암흑 물질의 충돌로 해석할 수 있는 신호를 포착해 발표한 바 있는데, 필자가 연구 책임자로 있는 연세 대학교 암흑 우주 연구실 주도로 이를 해석하는 이론을 제시한 바 있다. 윔프가 암흑 물질이 아닐지도 모른다는 고민 또한 물리학자들 사이에 퍼져 있는 것도 사실이다. 암흑 물질을 밝혀내는 것이 물질의 최소 단위를 찾는 모험의 끝일지는 아무도 모른다. 하지만 반드시 해결하고 지나가야 할 강적임에 틀림없어 보인다.

지금까지 현재 물리학자들이 이해하고 있는 물질의 최소 단위인 기본 입자와 힘을 매개하는 게이지 입자 그리고 정체가 아직 밝혀지지 않은 암흑 물질 등에 대해 이야기해 보았다. 역사적으로 보면 과학자들은 에너지를 높여 감에 따라 자연에 내재하고 있는 새로운 층

위의 구조를 발견해 왔다. 지금 우리가 기본 입자라고 이해하고 있는 층위 아래에 또 새로운 구조가 없다고 누구도 확신할 수 없다. 예를 들어 전자의 내부를 들여다보면 그 아래에 더 본질적인 입자나 끈 혹은 또 다른 무언가가 있을 수도 있다. 다만 현재 수준에서는 물리학 실험의 한계 때문에 그 구조를 발견하지 못하고 있을 가능성이 분명히 열려 있다.

한편 이론적으로 생각해 보면 양자 역학과 상대성 이론을 정합적으로 결합한 양자 게이지 이론에서는 기본 입자가 실제 물질의 최소 단위일 가능성 또한 열려 있다. 기본 입자는 양자 역학적인 의미에서 크기가 없는 점입자로 기술되기 때문에 그 아래에 무언가가 애초에 없기 때문이다. 물론 우리가 알고 있는 양자 역학과 상대성 이론 또한 보다 근본적인 물리 이론으로 변화, 확장될 여지가 있다. 특히 현재의 중력 이론은 현재 우리가 알고 있는 점입자의 양자 역학과는 모순이 있다는 것이 알려져 있어 끈 이론이나 또 다른 형태의 양자 중력 이론이 존재할 가능성은 매우 현실적이다. 그렇지만 양자 중력 이론에서 물질의 최소 단위가 무엇일지는 지금 대답할 수 있는 질문이 아니다.

물질의 최소 단위를 찾는 모험의 끝은 여전히 멀리 떨어져 있으며, 아마도 물리학자들이 포기하지 않는 한, 그리고 그다음 단계에 대한 호기심을 버리지 않는 한, 그 모험은 끝이 나지 않을 것이다.

박성찬(연세 대학교 물리학과 교수)

2.
시간과 공간에도 최소 단위가 있을까? 플랑크 시간과 공간의 수수께끼

지금은 ‘드라마’라는 외래어를 쓰지만 예전엔 이를 ‘연속극’이라고 부르던 시절이 있었다. 연속극이라고 해서 방송 시간이 끊임없이 지속되지는 않았다. 여기서 연속은 이야기 전개가 끊이지 않고 이어진다는 뜻이다. 어려울 게 없을 것 같은 연속의 개념도 수학 책에 등장하면 어렵다. 고등학교 수학에는 연속 함수가 등장한다. 그 기저에는 실수의 연속성이라는 더 어렵지만 흥미로운 얘기가 숨어 있다.

종이 위에 연필로 직선을 하나 그어 보자. 이 직선은 연속일까? 직선의 연속성이란 직선을 이루는 점들이 빈틈없이 이어짐을 말한다. 이 직선이 직관적으로는 연속으로 보인다. 이런 직선에 눈금을 그려 넣고 0, 1, 2 같은 숫자를 밑에 달아서 수학 문제를 풀었던 기억이 다들 있을 것이다. 이 과정은 사실 직선 위의 점들에 실수를 하나씩 일대일로 대응을 시키는 것이다. 그래서 직선이 연속이라면 실수도 연속이라고 할 수 있다. 그렇다면 0과 1 사이에는 점이 몇 개나 있을까? 직선 위의 점과 실수 사이에 일대일 대응이 있다면 점의 개수는 0과 1 사이에 있는 실수의 개수와 같다. 그건 무한히 많아서 셀 수 없다고 생각했다면, 여러분은 정답을 맞힌 것이다.

자연수의 개수는 무한히 많긴 하지만 셀 수 있는 무한이라고 한다. 자연수들의 비로 표현되는 유리수의 개수도 셀 수 있는 무한이다. 그런데 실수는 셀 수 없는 무한이다. 이것은 19세기 후반에 수학자 게오르크 칸토어(Georg Cantor)가 증명했다. 그 결과는 직관적으로 이해하기 쉽지 않다.

0과 1 사이에는 무한히 많은 유리수가 있고, 그 수들이 0과 1 사이를 촘촘히 채우고 있는 것 같지만 유리수와 유리수 사이에는 빈틈이 셀 수 없이 많이 존재한다. 그래서 유리수만으로는 연속성을 구성할 수 없을뿐더러 유리수를 다 모아도 길이가 나오지 않는다. 유리수와 유리수 사이의 빈틈은 바로 셀 수 없이 많은 무리수들이 무한정 채우고 있다. 이쯤 되면 이 글을 그만 읽고 싶은 사람들이 많으리라. 그렇지만 참고 연속해서 읽으면 심오하고 재미있는 물리학 이야기로 이어진다.

종이 위에 그어진 직선이 연속인가란 질문을 물리학자는 직선을 구성하는 물질이 연속으로 존재하는가 하는 질문으로 간주한다. 그래서 이 질문은 물질의 궁극적 실체가 무엇인지에 대한 질문으로 이어진다. 일상에서 경험하는 물질은 연속인 것처럼 보인다. 그러나 원자의 발견으로 물질의 연속성에 대한 생각은 완전히 바뀌었다. 지금은 원자도 원자핵과 전자로 분해되고, 원자핵은 다시 양성자와 중성자로, 양성자와 중성자는 쿼크로 분해된다는 것을 알게 되었다. 현재 입자 물리학의 표준 모형에 따르면 물질은 원자핵을 구성하는 쿼크들과 전자와 같은 렙톤들이 결합해서 만들어진다.

쿼크와 렙톤은 크기를 가지고 있을까? 현재까지의 실험 결과에 따르면 10^{-19}미터보다 작으며, 크기가 거의 없는 점처럼 보인다. 그렇다면 쿼크와 렙톤으로 된 입자들이 셀 수 없이 무한히 모이면 연속인 물질이 될 수 있을까? 입자는 연속인 물질을 만들 수 없다. 종이 위에 연필로 그은 직선은 실제로는 연속이 아니다. 크기를 가진 잉크 분자들이 불연속적으로 이어진 것에 지나지 않기 때문이다. 여기서 위치만 있고 넓이도 길이도 크기도 없는 수학적 점과 실제 입자의 차이가 드러난다. 입자에는 수학이 아니라 물리학이 적용된다. 특히 물질을 불연속적인 존재로 만드는 것은 양자 역학의 원리이다.

양자 역학에 따르면 물질은 입자의 성질만이 아니라 파동의 성질도 가진다. 파동성으로 인해 입자의 위치와 운동량 또는 시간과 에너지 사이에는 불확정성 관계가 성립한다. 두 양의 불확정성을 곱한 값이 양자 역학의 기본 상수인 플랑크 상수보다 크다는 것이 그 유명한 하이젠베르크의 불확정성 원리이다.

물질을 연속적으로 만들려면 입자를 빈틈없이 붙여야 한다. 그런데 두 입자 사이의 거리를 줄이면 위치의 불확정성이 줄어든 만큼 운동량의 불확정성은 커진다. 불안정해지는 것이다. 서로 반대 전하를 가진 원자핵과 전자는 서로 끌어당기지만, 결코 만나지는 못한다. 가까워질수록 줄어드는 전기 에너지와, 불확정성 관계 때문에 커지는

1
1
1
1
1
1
1
1
1
1
1
1

운동 에너지 사이에 타협이 이뤄지는 거리에서 안정된 상태를 이루어 서로 맴돌게 된다. 덕분에 원자가 크기를 가지게 되는 것이고, 삼라만상이 형태를 띠는 것이다.

양자 역학의 원리는 전자의 질량과 전자기력의 세기만으로 원자의 크기를 정해 주는 경이로운 법칙이다. 마찬가지로 원자핵의 크기는 양성자의 질량과 강력의 세기만으로 정해진다. 그래서 유한한 크기의 공간에는 유한한 수의 원자만 들어갈 수 있다. 연속적인 물질은 만들어질 수 없다. 원자가 물질의 궁극적 실체는 아니지만 일상에서 원자가 분해되는 일은 거의 일어나지 않기 때문에 통상적인 물질의 최소 단위로 간주된다. 물질은 원자 단위로 끊어지며 연속이 아니다.

물질은 연속이 아니지만 물질이 담긴 공간은 어떨까? 물질의 변화를 나타내는 시간은 연속일까? 만약 아니라면 시간과 공간에도 최소 단위라는 것이 있을까?

시간과 공간이 본격적인 과학적 탐구 대상이 된 것은 물체의 운동을 다루는 뉴턴 역학이 등장하면서이다. 아이작 뉴턴은 시간과 공간은 물체의 존재와 관계없이 존재하며 시간의 흐름과 공간의 거리는 모든 관찰자에게 보편적으로 같다는 절대 시간과 절대 공간 개념을 도입했다. 그러나 19세기 후반에 완성된 전자기학은 이 개념과 맞지 않았다. 결국 20세기 초에 시간의 흐름과 공간의 거리는 관찰자의 상대 운동에 따라 달라지고 보편적으로 같은 것은 빛의 속력이라는 특수 상대성 이론으로 대체됐다. 이어서 알베르트 아인슈타인은 관찰자의 상대 운동뿐만 아니라 주변의 물체에 의해서도 시간의 흐름과 공간의 거리가 달라진다는 일반 상대성 이론을 내놓았다. 뉴턴의 중력 이론은 이제 물질과 시공간의 동역학으로 바뀌었다. 시공간이 단지 물질이 움직이는 배경이 아니라 물질과 같은 동역학을 가진다면 물질과 마찬가지로 양자 역학의 원리가 적용되지 않을까? 물리학자들은 그런 궁극적 이론이 있을 것이라 믿으며 이를 양자 중력 이론이라고 부른다.

아직 시간과 공간이 양자 역학의 원리를 따른다는, 그래서 시간과 거리의 최소 단위가 있다는 직접적인 증거는 없다. 그렇지만 현재 확립된 시공간과 물질의 근본 이론으로부터 최소 단위에 대해 추측해 볼 수 있다. 특수 상대성 이론의 기본 상수인 빛의 속력, 일반 상대성 이론의 기본 상수인 중력 상수, 양자 역학의 기본 상수인 플랑크 상수를 조합하면 자연스럽게 얻어지는 시간과 길이의 단위가 있다. 이를 '플랑크 시간'과 '플랑크 길이'라고 하는데, 각각 10^{-43}초와 10^{-35}미터 정도이다.

이 크기는 현재의 기술로 측정할 수 있는 최소의 시간과 거리에 비해 너무나 작아서 실험을 통한 시공간의 최소 단위 검증은 요원해 보인다. 하지만 아주 길이 없는 것은 아니다. 원자의 존재를 직접적으로 확인을 할 수 없었을 때에도 물질이 원자로 이루어져 있음을 잘 보여 준 사례가 있었다. 바로 통계 역학의 성공이었다. 통계 역학은 열 현상을 물질을 구성하는 원자들의 집단적 성질로 설명하려는 시도였다. 통계 역학은 열역학의 기본량인 온도와 엔트로피가 원자들의 에너지 분포와 가능한 상태의 수와 연결된다는 사실을 밝혀 주었다. 놀랍게도 최근에 이와 비슷한 과정이 블랙홀의 열역학에서 진행되고 있다. 블랙홀의 정보와 엔트로피를 이해하는 과정에서 시공간의 양자적 측면이 드러나고 있다.

1972년에 야코브 베켄스타인(Jacob Bekenstein)은 블랙홀도 엔트로피를 가진다는 제안을 했다. 근거는 간단했다. 블랙홀이 엔트로피를 갖지 않는다면, 엔트로피를 가진 물체가 블랙홀에 떨어질 경우, 그만큼 우주의 엔트로피는 줄어들게 된다. 이것은 닫힌 계의 엔트로피는 줄어들 수 없다는 열역학 제2법칙에 위배된다. 이어서 스티븐 호킹은 블랙홀의 경계인 사건의 지평선에서 열복사가 방출된다는 것을 밝혔고, 블랙홀의 에너지, 온도, 엔트로피의 열역학적 관계로부터 블랙홀의 엔트로피가 지평선의 면적을 플랑크 길이의 제곱으로 나눈 값에 비례한다는 결과를 얻었다.

여기에는 두 가지 주목할 점이 있었다. 하나는 엔트로피는 계가 가질 수 있는 상태의 수를 세는 것이어서 통상적으로 부피에 비례하는 데 반해 블랙홀의 엔트로피는 표면적에 비례한다는 점이다. 다른 하나는 플랑크 길이의 제곱이 표면적을 나누므로, 이것이 면적의 최소 단위로 보인다는 점이다.

그 후 이 열역학적 추론을 통계 역학을 통해 확인하는 과정이 지금까지 이어지고 있다. 블랙홀은 '극강(極强)'의 중력이 작용하는 계로 통계 역학적 계산에는 구체화된 양자 중력 이론이 필요하다. 현재 초끈 이론과 고리 양자 중력 이론 등이 양자 중력 이론의 유력한 후보다. 최근에는 초끈 이론을 써서 블랙홀과 블랙홀이 방출하는 열복사의 엔트로피를 계산하는 데 주목할 만한 진전이 이루어지고 있다. 초끈 이론이 가진 홀로그래피 특성은 엔트로피를 계산하는 방법을 제공할 뿐만 아니라 그것이 왜 부피가 아니라 표면적에 비례하는지도 설명한다. 블랙홀 엔트로피의 계산 결과는 연필로 그은 직선이 사실은 원자로 이루어진 불연속적인 존재인 것처럼, 블랙홀 지평선도 양자화된, 그러니까 불연속적인 공간 덩어리로 구성된다는 단서를 제공한다. 블랙홀 지평선에서 시공간을 이루는 최소 단위의 아지랑이가 보이기 시작했다.

김항배(한양 대학교 물리학과 교수)

3.
양자 역학의 두 번째 정보 혁명은 어떻게 오는가?
양자 컴퓨터의 최전선

인류 문명에 가장 큰 영향을 준 기계는 무엇일까? 아마도 '컴퓨터'라고 답하는 사람이 적지 않을 것이다. 컴퓨터는 데스크톱이나 노트북뿐 아니라 냉장고의 제어 장치나 스마트폰 등을 모두 포함한다. 왜냐하면 '컴퓨터'는 말 그대로 계산하는(compute) 행위자(-er)를 의미하기 때문이다. 계산하는 기계로 무엇을 할 수 있을까?

인간의 사고와 행동은 적절한 문장으로 표현할 수 있다. 문장은 문자로 씌어져 있으며, 문자는 숫자로 바꿀 수 있다. 예를 들어 ㄱ은 1, ㄴ은 2같이 말이다. 모든 숫자는 이진법, 즉 0과 1만으로 나타낼 수 있다. 결국 인간의 사고와 행동은 0과 1의 문자열로 나타낼 수 있다. 명령을 받아 그것을 수행한다는 것은 0과 1로 된 문자열을 입력받아 적절한 0과 1로 된 문자열을 출력하는 것이라 볼 수 있다. 우리는 일종의 계산 기계인 셈이다.

0과 1로 된 문자열을 입력받아 정해진 규칙에 따라 0과 1로

된 문자열을 출력하는 기계를 '튜링 기계(Turing machine)'라고 한다. 1930년대 앨런 튜링(Alan M. Turing)은 자신의 이름을 딴 튜링 기계가 사실상 인간과 비슷하게 사고하고 행동할 수 있음을 증명했다. 이제 남은 일은 튜링 기계인 컴퓨터를 실제로 만드는 것이다. 0 또는 1로 이루어진 정보의 기본 단위를 '비트(bit)'라고 부른다. 컴퓨터란 비트를 처리하는 기계일 뿐이다.

튜링 기계는 입력과 출력을 비트 문자열로 주고받는다. 입력 장치는 키보드나 마우스 등이고, 출력 장치는 스크린이나 스피커 등이다. 이런 장치는 입력 신호를 비트로, 비트를 출력 신호로 바꾼다. 튜링 기계 내부에서는 비트들만 이동하는데, 비트로 된 데이터를 저장하는 부분과 그것을 읽고 처리하는 부분이 필요하다. 입출력 데이터를 잠시 저장하는 장소를 메모리라고 하고, 메모리의 데이터를 읽고 처리하는 부분을 CPU라고 한다. 오늘날 메모리를 가장 잘 만드는 회사는 삼성이고, CPU의 경우는 인텔이다. 이제 튜링 기계를 만드는 일은 현대 문명의 거대한 산업이 되었다.

메모리가 하는 일은 단순하다. 원할 때 수많은 비트를 쓰거나 읽을 수 있으면 된다. 우선, 비트 자체를 어떻게 구현할 수 있을까? 컴퓨터가 탄생하던 20세기 중반, 전기를 이용한 유, 무선 통신이 널리 쓰이고 있었다. 제2차 세계 대전은 통신의 중요성을 극적으로 보여주었고, 전기는 가장 빠르고 안정적인 통신 수단이었다. 즉 비트는 전기로 구현되어야 했다. 전류가 흐르면 1, 흐르지 않으면 0, 간단하다. 전류는 전하가 이동하는 것이다. 메모리는 전하가 충전되면 1, 방전되면 0으로 정보를 저장하면 된다. 현재 인터넷이나 스마트폰에서 이동하는 비트들도 같은 방법으로 구현된다.

비트를 저장하고 이동하는 방법을 알았으니, 제어하는 방법만 찾으면 된다. 제어라고 거창하게 말했지만, 전기를 적절히 켜고 끌 수 있으면 된다. 바로 '스위치'가 필요하다. 전등을 켜고 끌 때 사용하는 벽에 달린 스위치 말이다. 물론 컴퓨터에 사용할 스위치는 아주 작고 빨라야 한다. 최근 판매되는 메모리는 용량이 8기가바이트(GB) 정도인데, 이는 68,719,476,736비트의 저장 공간을 갖는다는 뜻이다. 비트 하나당 스위치가 하나씩 달려야 하니까 손톱만 한 공간에 687억 개를 넣을 수 있는 크기로 스위치가 만들어져야 하는 것이다.

메모리에 사용되는 스위치는 '트랜지스터'라는 전자 소자로 구현된다. 트랜지스터는 반도체라는 재료로 만들어진다. 반도체를 바탕으로 한 트랜지스터의 작동 원리는 양자 역학으로 설명된다. 이렇게 양자 역학에서 컴퓨터로 이어지는 이야기가 완성된 것이다! 참고로 트랜지스터를 만든 과학자들에게 1956년 노벨 물리학상이 주어졌다. 메모리는 대충 알겠는데 CPU는 어떻게 구현되느냐고 묻는다면, 지면 관계상 이것도 트랜지스터로 만들 수 있다고 답할 수밖에 없다.

양자 역학이 컴퓨터 하드웨어를 만드는 원리를 제공했다면, 소프트웨어, 그러니까 컴퓨터 프로그램은 수학자들의 몫이었다. 컴퓨터가 하는 일이 계산이라는 사실을 기억한다면, 프로그램이 결국 계산하는 방법, 그러니까 수학자들의 일이라는 사실은 놀랍지 않다. 하지만 양자 역학이 컴퓨터에 이바지할 일이 아직 남아 있었다. 바로 '양자 컴퓨터'다.

튜링이 증명한 것을 좀 더 엄밀히 말하자면, 튜링 기계가 모든 수학적 작업을 구현할 수 있다는 것이다. 인간의 사고나 행동은 수학적인 방식으로 기술할 수 있으므로 튜링 기계는 인간이 하는 일들을 유사한 방식으로 처리할 수 있는 것이다. 따라서 수학으로 기술하기 힘든 예술이나 도덕 문제에 컴퓨터가 젬병인 것은 납득할 만하다. 참고로 이런 문제도 잘 해결할 것이라 기대되는 인공 지능은 튜링 기계와는 다른 원리로 작동된다.

1980년대에 데이비드 도이치(David Deutsch)는 튜링의 아이디어를 확장하려고 했다. 튜링 기계가 모든 '물리적' 과정을 구현할 수 있을까? 튜링 기계는 비트로 된 정보를 처리하는 기계다. 비트는 특정 순간에 0 또는 1 가운데 하나의 숫자만 가질 수 있다. 하지만 양자 역학은 '중첩'이라 불리는 이상한 현상을 허용한다. 비트로 예를 들자면 0과 1을 동시에 갖는 것도 가능하다는 말이다. 물론 일상에서는 결코 일어날 수 없는 일이다. 당신이 서울과 부산에 동시에 존재할 수는 없지 않은가? 양자 역학은 원자, 분자와 같이 아주 작은 세상을 기술하는 이론이다. 참고로 원자의 크기는 머리카락 굵기의 수십만분의 1 정도다. 세상 모든 것은 원자로 이루어져 있고, 원자는 양자 역학으로 기술된다. 따라서 튜링 기계가 모든 물리적 과정을 구현하려면 양자 역학적으로 작동되는, 중첩을 다룰 수 있는 튜링 기계가 필요하다!

양자 튜링 머신 혹은 양자 컴퓨터라는 아이디어는 이처럼 순수하게 이론적인 의문에서 시작되었다. 도이치는 최초로 양자 역학적 알고리듬을 고안했다. 그의 양자 알고리듬은 입력을 0과 1의 중첩 상태로 받을 수 있다. 중첩 상태란 앞서 말한 대로 0과 1을 동시에 갖는 상태다. 하지만 도이치의 발견은 10년 가까이 무시된다. '양자 알고리듬? 그래서 어쩌라고?'

1994년에 상황은 급변한다. 피터 쇼어(Peter W. Shor)가 소인수 분해 양자 알고리듬을 내놓았기 때문이다. 사람들은 실용적이어야 관심을 갖는다. 소인수 분해는 대체 어디에 쓸모가 있는 것일까? 자세한 이야기는 할 수 없지만, 소인수 분해를 빨리할 수 있다면 현재 사용하는 통신 암호가 무력화될 수 있다. 이것은 무시무시한 이야기다. 군사 통신 기밀도 문제지만 각종 금융 서비스의 보안도 문제가 된다. 쇼어의 논문이 나오자 갑자기 수많은 사람이 양자 컴퓨터의 연구에 뛰어들기 시작한 이유다. 1996년 로브 그로버(Lov K. Grover)는 기존의 알고리듬보다 근본적으로 우월한 양자 검색 알고리듬을 발표한다. 검색은 중요하다. 사실 구글이라는 회사가 세계를 제패할 때 가졌던 유일한 무기는 검색을 빨리하는 알고리듬이었다. 양자 역학적 검색이 빠른 이유는 근본적으로 중첩에 있다. 검색을 하려면 원하는 것을 찾을 때까지 데이터를 하나씩 확인해야 한다. 중첩은 여러 데이터를 동시에 확인할 수 있는 가능성을 열어 준다.

1990년대 말부터 양자 컴퓨터를 제작하려는 치열한 경쟁이 시작된다. 사실 지난 20여 년 동안 물리학자들이 연구한 첨단 기술 가운데 많은 것들이 양자 컴퓨터 개발을 궁극적 목표로 내걸었다. 실용적인 양자 컴퓨터를 구현하는 것은 거의 불가능해 보였지만 그런 노력

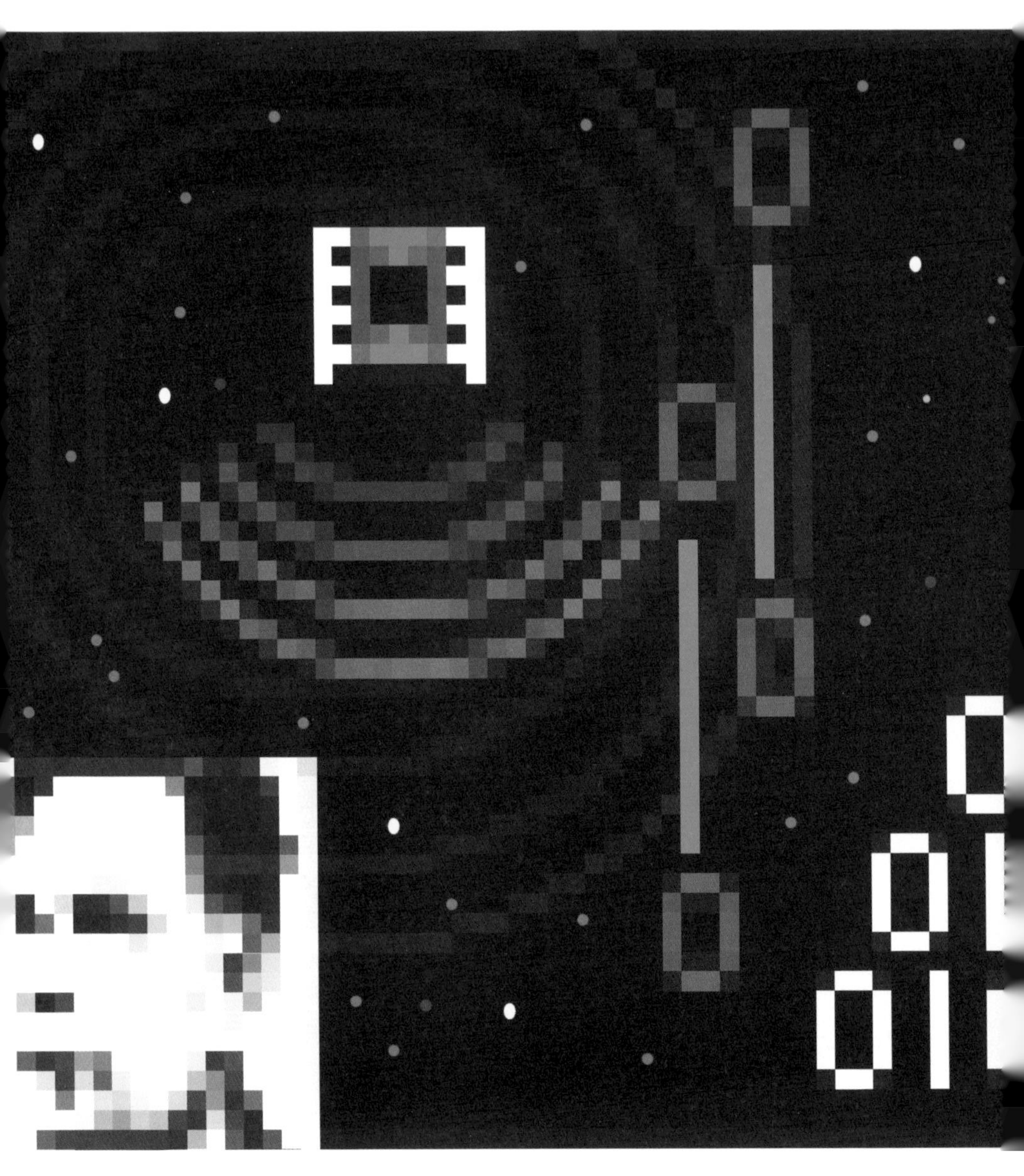

01
0101
01010
1
01
101
0101

이 물리학적으로 가치 있다고 생각했기 때문이다. 양자 컴퓨터 구현의 최대 장애물은 '결어긋남(decoherence)'이다. 양자 컴퓨터가 특별한 것은 중첩 때문인데, 중첩은 아슬아슬하게 쌓아 올린 유리잔과 비슷하다. 작은 충격에도 깨지기 쉽다는 말이다. 중첩이 깨지는 것을 결어긋남이라고 한다. 결어긋남을 막기 위해, 각종 노이즈를 차단하거나 섭씨 -270도에 가까운 극저온으로 온도를 낮춰 열로 인한 간섭을 막아야 한다.

2019년 10월 구글은 양자 컴퓨터를 구현했다는 논문을 《네이처(*Nature*)》에 게재했다. 구글 양자 컴퓨터는 53비트(양자 컴퓨팅의 단위는 정확하게는 큐비트(qubit)이다.)로 구성되는데, 당시까지 구현된 최대 비트수는 10여 비트 정도였다. 비트가 많아지면 양자 컴퓨터를 구현하기가 기하 급수적으로 어려워지기 때문에 53비트라는 숫자에 학계는 경악했다. 이 논문의 주요 내용은 양자 컴퓨터가 제대로 작동한다는 것이다. 2020년 8월 구글은 12비트로 구성된 양자 컴퓨터를 이용해 양자 시뮬레이션이라는 다소 실용적인 문제를 다뤄 《사이언스(*Science*)》에 논문을 게재했다. 비슷한 과제에서 이전 기록은 6비트를 이용한 것이었다. 이 과제에서 양자 컴퓨터가 진가를 보이려면 100비트 정도가 필요할 것이라 예측되기에 아직 갈 길은 멀다.

컴퓨터 하드웨어를 통해 정보 혁명을 일으켰던 양자 역학은 이제 소프트웨어를 통해 두 번째 혁명을 준비 중이다.

김상욱(경희 대학교 물리학과 교수)

4.
궁극의 물리 이론은 무엇인가? 표준 모형 너머를 꿈꾸는 끈 이론

우리는 관찰할 수 있는 모든 물질적 현상의 근원에 대해 믿기 힘들 만큼 정밀한 이해에 도달했다. 물질은 나노미터 크기를 갖는 분자들로 이루어져 있고, 그것들은 다시 100여 개 남짓한 원자들의 결합으로 이루어져 있다. 원자 역시 양성자, 중성자, 전자, 단 세 가지 입자들이 특정 비율로 뭉친, 100억분의 1미터 정도 되는 작은 덩어리들이다. 우리 몸이건, 암석이건, 심지어 태양과 별도 모두 똑같이 양성자, 중성자, 전자로 이루어져 있다.

원래 원자란, 더 이상 쪼갤 수 없는 입자라는 뜻이다. 하지만 양성자, 중성자, 전자가 발견되면서, '원자'라는 이름은 너무 빨리 붙인 이름이 되어 버렸다. 양성자, 중성자, 전자처럼 원자보다 작은 입자는 아원자 입자라고 한다.

그럼 이 아원자 입자가 더 쪼갤 수 없는 가장 작은 입자일까? 이 세 입자를 쪼개서 그것이 무엇으로 이루어졌는지를 알아내는 것은 전통적인 의미로는 사실 불가능하다. 크기가 코로나19 바이러스(10^{-7}미터)보다 1억 배나 작은 수소 원자핵(10^{-15}미터) 내부를 볼 수 있는 현미경 같은 것은 당연히 없고, 쪼갠다고 해서 그 조각을 따로 모아 연구할 수 있는 것도 아니다.

독자 여러분도 '쿼크'라는 입자의 이름을 들어본 적이 있을 것이다. 이 쿼크가 3개 모여 양성자, 중성자 같은 아원자 입자를 이룬다고. 그러나 이 쿼크는 양성자나 전자처럼 혼자서는 존재하지 못한다. 우리가 실제로 할 수 있는 일은 아원자 입자를 가속해 강하게 충돌시키고 거기서 어떤 입자들이 어떤 방향으로 어떤 속도로 튀어나오는지 조사하는 것뿐이다. 이때도 쿼크가 직접 튀어나오는 것은 아니다.

그런데도 물리학자들은 양성자와 중성자는 쿼크로 이루어져 있다고 이야기한다. 어떻게? 여기서 등장하는 게 '입자 물리학의 표준 모형'이라는 '이론'이다. 이 표준 모형은 인류가 만들어 낸 가장 정확하고 정밀한 이론이다. 표준 모형에 비하면 인간의 뇌가 만든 다른 모든 이론은 모두 투박하다고 할 정도다. 이 표준 모형에 따르면, 세상 만물을 이루는 기본 입자는 여섯 가지 쿼크, 전자를 포함한 역시 여섯 가지 렙톤, 그들 사이의 상호 작용을 매개하는 네 가지의 게이지 보손 그리고 흔히 질량의 근원이라고 설명하는 힉스 입자로 구성된다.

이것은 양자 역학이 등장하고 100여 년 동안, 수십 개의 노벨상이 핵물리학과 입자 물리학에 주어지는 역사를 거치며 얻어진 결론이다. 이 표준 모형을 상정하지 않고서는 삼라만상의 물리 현상을 설명할 수 없다. 입자 물리학의 표준 모형은 인류 지성이 도달한 정점이

요, 세계의 작동 원리에 대한 가장 효율적인 설명이다.

하지만 표준 모형이라고 해서 만능은 아니다. 특히 '왜?'라는 질문에는 숙맥이다. 예를 들어, 양성자는 전자에 비해 2,000배 정도 더 무겁고, 전자 사이에 작용하는 중력은 전기력에 비해 10의 42제곱만큼이나 더 약하다. 왜 그런지 물어도 별 의미가 없다. 다만 이 숫자들에서 티끌만큼이라도 벗어나면 인간과 같은 고등 생물이 진화할 환경이 우주에 조성될 수 없었을 것이라는 이야기는 할 수 있다.

그런데 때로는 '왜?'라는 질문에 멋진 답을 할 수 있기도 하다. 예를 들어, 왜 전자 등의 기본 입자는 서울이건, 평양이건, 달에 있건, 심지어 태양계를 벗어나 외부 은하에 있건 완벽히 같은 성질을 갖는 걸까? 이것은 물리량이 불연속적인 값을 가진다는 양자 역학의 성질과, 우주에 중심 따위는 없다는 상대성 이론을 결합하면 도출되는 필연적 결과이다. 따라서 적어도 입자 물리학자에게 이것은 전혀 신비한 일이 아니다.

하지만 표준 모형이 답하지 못하는 문제들은 너무 많다. 쿼크와 렙톤은 유사한 성질을 갖는 것들이 세 번 반복해서 나타난다. 쿼크 두 가지, 렙톤 두 가지가 모여 4인 가족을 이루는데 이런 가족이 셋 있다. 이것을 자연스럽게 설명할 수 있는 유일한 방법은 '여분 차원(extra dimension)'을 생각하는 것이다.

우리는 일상에서 전후, 좌우, 상하 세 방향을 체험하는데, 이것이 공간의 3차원이다. 여기에 시간 1차원을 더한 4차원 세계에 우리가 살고 있다고들 한다. 그러나 공간에 방향이 더 있지만 그것이 너무나 작게 말려 있어서 아직 관측되지 않았다고 해 보자. 그렇다면 세계는 5차원 이상이 된다. 그런 고차원 세계에서 한 가지 입자였던 입자도 저차원 세계의 우리에게는 마치 한 무리의 입자군처럼 보일 수도 있다. 우리가 보지 못하는 방향으로 움직이기 때문에 우리 눈에 쿼크와 렙톤이 서로 다른 가족으로 보인다는 것이다.

표준 모형 자체가 설명하지 못하는 것은 또 있다. 이른바 '암흑 물질'이다. 천문학 관측에 따르면, 우리가 직접 볼 수는 없지만 우주의 팽창과 구조 형성에 큰 영향을 미치는, 전자기파인 빛으로는 관측할 수 없는, 즉 보이지 않는 물질이 존재해야 한다. 암흑 물질의 가장 가능성 높은 후보는 아직 입자 가속기가 발견하지 못한 새로운 기본 입자다. 2013년의 힉스 입자 발견 이후 LHC 실험진이 매년 1만 5000테라바이트의 실험 데이터를 축적해 가며 찾고 있지만 그 흔적조차 찾지 못하고 있다. 왜 그럴까?

또 다른 문제는 표준 모형의 이론적 토대가 무너질 가능성이다. 앞서 전기력과 중력의 세기를 언급했는데, 전자의 전하량은 사실 상수가 아니며 충돌 에너지를 증가시키면 점점 커진다. 전기력은 다행히 핵력과 통합되어 무한대를 피할 수 있지만, 중력의 경우는 에너지를 높이다 보면 언젠가 물리학의 법칙이 더 이상 성립하지 않는 상황에 이른다. 물론 이것은 현재로서는 인간이 만들 수 있는 가속기로 도저히 도달할 수 없는 너무 높은 에너지이긴 하다. 이것을 일반 상대성 이론의 '재규격화 불능성'이라고도 하는데, 끈 이론이 이론 고에너지 물리학 분야에서 주류 자리를 차지하게 된 가장 결정적 이유가 바로 이 문제를 해결하기 때문이다.

끈 이론은 물질을 이루는 쿼크와 렙톤, 힘을 매개하는 게이지 보손, 질량의 근원이라는 힉스 입자를 모두 단 한 가지 끈의 여러 다른 진동 방식으로 설명한다. 끈 이론은 20세기 내내 양자 역학과 삐걱거려 온 일반 상대성 이론도 포함하고 여분 차원도 필연적으로 가지고 있어서, 표준 모형의 반복되는 기본 입자군 현상도 자연스럽게 구현할 수 있다. 끈의 진동 방식은 그 가짓수가 무한하기에 암흑 물질의 후보가 될 추가적인 기본 입자도 충분히 갖고 있다. 요약하자면 끈 이론은 입자 물리학의 완성을 위해 필요한 모든 아이디어를 다 구현할 수 있을 만큼 풍부한 성질을 갖고 있다.

끈 이론의 역사는 50년 남짓 되었는데 여러 우여곡절을 겪으며 계속 발전하고 있다. 끈 이론은 1968년 이탈리아 출신인 가브리엘레 베네치아노(Gabriele Veneziano)가 핵물리학적 충돌 실험 결과를 설명할 만한 공식을 제안하면서 시작되었다. 즉 베네치아노에게는 다양한 입자의 교환 가능성을 암시하는 핵물리학 충돌 실험 결과를 설명할 수학적 답이 있었고, 그는 몇 년 후 그 답을 주는 이론이 실은 끈의 운동에서 유도된다는 것을 알게 되었다. 그러나 표준 모형 이론이 본격적으로 대두되기 시작하면서 끈 이론은 1970년 중반부터 학자들의 관심에서 멀어졌다.

하지만 소수의 사람들은 끈 이론이 항상 중력자의 성질을 갖는 입자를 포함한다는 데 착안해서, 아인슈타인의 일반 상대성 이론과 양자 역학을 통합한 양자 중력 이론으로 발전시키려는 노력을 계

속했다. 입자 물리학을 포함할 만한 특성을 가지면서도 수학적으로 잘 정의되며 불안정성도 제거된 끈 이론을 찾기는 어려웠는데, 마침내 1984년 캘리포니아 공과 대학의 존 슈워츠(John Schwarz)와 런던 대학교의 마이클 그린(Michael Green)은 10차원 초대칭 끈 이론에서 여러 문제가 기적적으로 상쇄된다는 것을 발견했다. 이 계산 과정이 강렬한 인상을 준 데다가 이 고차원 이론을 4차원 이론으로 '차원 내림' 하면 표준 모형과 유사한 입자 물리학 모형을 얼마든지 많이 만들어 낼 수 있다는 것이 알려지자, 초끈 이론은 1980년대 중반 이후 입자 물리학의 이론 분야를 휩쓸다시피 했다.

1995년에 샌타바바라 대학교의 조지프 폴친스키(Joseph G. Polchinski)는 다양한 차원의 막을 포함하는 통합적 관점에서 끈 이론을 보면 강하게 상호 작용하는 끈 이론과 양자장론을 정밀하게 이해할 수 있다는 것을 발견해 끈 이론의 두 번째 도약을 이끌었다.

이처럼 끈 이론은 표준 모형 너머 미래 물리학의 길잡이로서 이론가들의 사랑을 듬뿍 받는다. 그러나 실험이라는 최종 심급을 통과하지는 못해 아직 온전한 과학은 아니다. 그렇다고 검증할 방법이 아예 없는 건 아니다. 바로 블랙홀이 시금석이다.

1974년 케임브리지 대학교의 스티븐 호킹(Stephen Hawking)은 블랙홀이 실은 온도를 갖고 있으며 다른 온도를 가진 물체처럼 빛을 낸다고 주장했다. 1996년 하버드 대학교의 앤드루 스트로민저(Andrew Strominger)와 캄란 바파(Cumrun Vafa)는 끈 이론을 이용해 최초로 블랙홀의 엔트로피를 미시적으로 계산하는 데 성공했다. 호킹은 또한 블랙홀이 정보를 파괴해 양자 역학 법칙을 위배할 수 있다는 문제점을 지적했는데, 2019년에 여러 학자들은 블랙홀의 엔트로피 변화를 구체적으로 계산하고 블랙홀의 정보 손실 문제를 마침내 해결하는 쾌거를 이루었다.

김낙우(경희 대학교 물리학과 교수)

5.
우주의 끝은 어디인가?
우리 우주는 매일매일 조금씩 더 ……

1889년 5월의 어느 여름날, 프랑스 남부의 한 작은 도시인 생레미의 정신 병원으로 한 남자가 찾아왔다. 극심한 우울증으로 고생하다가 동생의 권유로 결국 스스로 입원하기 위해 찾아온 것이다. 그는 가난한 화가, 빈센트 반 고흐(Vincent van Gogh)였다. 병원에 있는 동안 그에게 유일한 위안은 그림이었다. 그는 몇 년 전 우연히 접한 어느 천문학자의 삽화에 매료되어 있었다. 고흐는 그 천문학자의 그림들을 계속 바라보며 좁은 병실에서 우주를 상상했다. 그를 위로해 준 건 바다 건너 아일랜드의 천문학자, 윌리엄 파슨스(William Parsons)가 그린 성운이었다.

로스 백작으로도 불리는 파슨스는 1842년 당시 세계에서 가장 거대한 망원경을 짓기 시작했다. 그 렌즈의 지름만 1.8미터나 됐다. 그 압도적인 규모는 마치 오스만 제국이 콘스탄티노플을 함락시키기 위해 끌고 갔던 청동 대포를 연상시킨다. 파슨스는 자신의 거대한 망

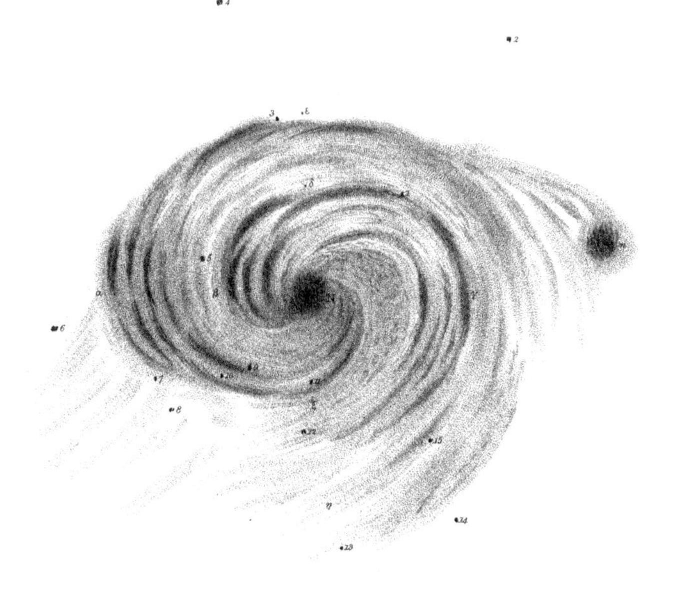

파슨스가 그린 나선 성운 M51 스케치.

원경으로 소용돌이치는 나선 성운들을 관측했다.

일부 천문학자들은 이것이 사실 우리 은하 바깥에 멀리 떨어진 별개의 은하라고 주장했다. 하지만 그건 허무맹랑한 소리처럼 들렸다. 당시에는 우리 은하가 우주의 전부라고 생각했다. 지금은 개별 은하를 의미하는 갤럭시(galaxy)라는 말이 20세기 초까지만 해도 우주 자체를 뜻하는 유니버스(universe)와 같은 의미였다. 우리 은하 바깥에 또 다른 은하들이 있다는 주장은, 지금으로 치면 우리 우주 바깥에 또 다른 우주가 즐비하다는 다중 우주 가설만큼 망상처럼 들렸다.

천문학자들은 두 편으로 갈라져 소용돌이 성운들의 정체를 두고 긴 논쟁을 벌였다. 1920년 4월에는 각각을 대표하는 천문학자들이 스미스소니언 자연사 박물관에 모여 공개 토론회를 열기도 했다. 하지만 아직 우주의 크기를 잴 방법이 없던 당시에는 두 주장 모두 나름 타당해 보였다. 1920년에 벌어졌던 천문학계의 대논쟁은 서로의 첨예한 입장차만 더 공고히 했을 뿐 그 자리에서는 결론이 나지 않았다.

이 지난한 논쟁의 종지부를 찍은 것은 에드윈 허블의 우연한 발견이었다. 그는 1923년 10월, 가을 하늘에 떠 있는 유명한 나선 성운인 안드로메다를 관측했다. 그런데 허블은 성운의 사진 속에서 무언가 낯선 별을 하나 발견했다. 처음에는 갑자기 폭발해 밝아진 신성이라고 생각했다. 하지만 며칠 쭉 연이어 관측해 보니 그 별은 갑자기 나타난 신성이 아니라, 일정한 템포로 밝기가 변하는 변광성(variable star)이었다. 마침 허블이 안드로메다를 관측하기 몇 년 전, 변광성을 활용해 그 별까지의 거리를 아주 정확하게 잴 수 있는 기법이 개발된 직후였다. 헨리에타 레빗(Henrietta S. Leavitt)의 공이었다. 허블은 레빗의 방법을 활용해, 변광성을 품은 안드로메다까지의 거리를 직접 잿다. 놀랍게도 안드로메다까지의 거리는 당시 알고 있던 우리 은하의 크기를 훨씬 벗어났다. 몇 년 전까지, 망상처럼 여겨졌던 우리 은하 바깥에 또 다른 우주들이 즐비할 것이라는 섬 우주 가설이 분명한 사실로 입증된 것이다.

게다가 이 나선 성운들, 즉 은하들은 더욱 놀라운 모습을 보여주었다. 대부분 우리에게서 빠르게 멀어지고 있었다. 더 먼 은하일수록 더 빠르게 멀어졌다. 얼핏 보기에는 우리 은하를 중심에 두고 사방

팔방의 은하들이 빠르게 후퇴하는 것처럼 보였다. 오래전 인류가 포기해야 했던, 우리가 우주의 중심이라는 희망을 다시 꿈틀거리게 하는 착각을 일으켰다.

하지만 은하들의 일관된 후퇴 현상은 우리가 우주의 중심이기 때문이 아니라, 시공간 자체가 팽창하고 있기 때문에 벌어지는 일이었다. 다른 먼 은하에 사는 외계인 천문학자가 본다면 그들의 은하로부터 멀어지는 우리 은하를 보게 될 것이다. 이는 앞선 선구자들이 조심스럽게 제안했던, 우주가 팽창하고 있을지 모른다는 수학적인 예측과도 아주 잘 맞아떨어졌다.

우주의 팽창은 우주의 나이테다. 이제 천문학자들은 우주 팽창의 물살을 거슬러, 모든 것이 한 점에서 시작되었던 태초의 순간을 상상할 수 있게 되었다. 비디오테이프를 거꾸로 되감다 보면, 더 이상 되감을 수 없는 끝에 다다르는 것처럼, 우주의 타임라인에도 더 이상 되돌아갈 수 없는 분명한 시작점이 있었다.

이전까지, 우주의 타임라인은 그저 막연하게 양옆으로 무한히 뻗어 나가는 수평선이었다. 과거 인류는 우리가 왼쪽으로 마이너스 무한대부터, 오른쪽으로 플러스 무한대까지 끝없이 이어진 수평선의 임의의 시점에 살고 있다고 생각했다. 하지만 빅뱅 우주론은 돌연 왼쪽으로 무한히 뻗어 있던 수평선을 댕강 잘라 버렸다. 우주의 타임라인은 지금으로부터 138억 년 전의 시점에서 끊겨 버렸다.

그렇다면 이렇게 우주 타임라인이 꼭 왼쪽에서만 잘릴 이유가 있을까? 어쩌면 오른쪽, 즉 미래에도 비슷한 일이 벌어질 수 있지 않을까? 모든 것에는 시작이 있으면 당연히 그 끝도 있어야 하지 않을까?

1998년 천문학자들은 시간에 따라 우주 팽창이 어떻게 변화해 왔는지를 파악했다. 아주 먼 초기 우주의 은하들의 거리를 파악하기 위해서 아주 밝은 초신성 폭발을 활용했다. 놀랍게도 우주는 중력에 의해 시간이 갈수록 팽창이 더뎌질 것이란 예상과 달리, 오히려 점점 더 빨라지는 가속 팽창을 하는 듯한 모습을 보였다.

텅 빈 공간이 늘어날수록, 우주는 더 빠르게 팽창한다. 지치지도 않고 빨라지기만 한다. 이 추세를 봤을 때 우주의 가속 팽창은 걷잡을 수 없어 보인다. 이러한 우주의 팽창이 지속된다면, 결국 모든 은하는 뿔뿔이 흩어지고 관측 가능한 우주의 범위를 벗어나 우리의 시야에 영원히 사라질 것이다. 더 이상 새로운 별이 태어나지도 않고 남아 있던 블랙홀도 점차 빠르게 증발하며 사라지고, 우주를 채우고 있던 시공간의 떨림인 중력파 역시 조금씩 희미해지고 자취를 감출 것이다. 결국 관측 가능한 별과 은하가 하나도 없는 날이 올 것이다. 이런 암흑의 시대에도 어떤 지적 존재가 용케 살아남아 있다면 그들에겐 천문학이 존재하지 않을 것이다. 하늘에서는 아무것도 볼 수 없는 암흑만 있을 것이기 때문이다.

결국 이런 미래가 찾아온다면 우주 속 모든 물질은 더 이상 중력과 핵력 등의 인력으로 서로를 붙잡을 수 없게 될 것이다. 끝내 은하와 은하뿐 아니라, 별과 별 사이, 심지어 원자와 원자 사이의 간격마저도 벌어지는 빅 립(big rip)의 최후를 맞이할 수도 있다. 결국 우주는 더 이상 중력에 의지해 별을 반죽할 수 없고, 자신의 아름다움을 바라봐 줄 생명체를 탄생시킬 수 없는, 생산력 제로에 도달한 불비(不備)의 세계가 될 것이다. 열역학 법칙의 엔트로피가 절정에 이르러 우주가 더 이상 파괴할 것이 남지 않을 때까지 우주는 스스로를 해체하고 파괴해 갈 것이다.

이처럼 우주는 매일 밤 조금씩 덜 아름다워지고, 어두워져 가는 방향으로 나이를 먹어 가고 있다. 매일 밤 모든 순간의 우주는 우리가 눈에 담을 수 있는 가장 밝고 아름다운 모습을 하고 있는 셈이다. 지금 이 순간 우리가 우주를 바라보지 않는다면, 1초 사이에 우주는 더 팽창하고 더 어두워져 버린다. 우주가 이렇게 하염없이 팽창하며 타임라인의 종지부를 향해 달려가고 있다는 사실은, 우리에게 매일 밤 우주를 놓치지 말고 눈에 담아야 하는 가장 합당한 이유를 이야기해 준다.

사실 과학에서 이야기하는 '진화(evolution)'는 특정한 방향을 가리키지 않는다. 흔히 진화라고 하면 보다 더 복잡하고 발전된 쪽으로 나아가는, 발전적인 방향성을 의미한다고 생각한다. 하지만 과학 용어로서의 진화는 그런 특정 방향을 뜻하지 않는다. 진화는 그저 시간이 흐르면서 계속 변화하고 있음을 뜻할 뿐이다. 설령 시간이 흐르면서 지금의 아름다웠던 우주가 해체되고, 모든 별과 은하가 망가지고 생명체가 단순해지며 '퇴화'하더라도 우리는 그 모든 과정을 진화라고 부를 것이다. 그 역시 우주의 시간이 선택한 변화이기 때문이다.

결국 진화의 반대말은 퇴화, 퇴보가 아니다. 진화의 진짜 반대

말은 '정체'다. 진화적 관점에선 미래가 과거에 비해 더 뛰어나다거나, 과거가 미래에 비해 투박하다고 이야기할 수 없다. 진화는 그저 과거와 미래가 다르다는 것만 이야기해 준다.

아쉽게도 우리는 우주가 언제 어떤 방식으로 최후를 맞이할지는 알 수 없을 것이다. 일부 이론에 따르면, 빅 립은 다시 한번 우주의 에너지장에 균열을 일으키며, 그 틈새로 새로운 빅뱅과 함께 새로운 우주를 만들어 낼 가능성도 있다. 어쩌면 우리의 우주 역시 과거에 존재했던, 폐허가 되어 버린 우주의 잔해 속에서 피어난 새싹이었을지 모른다.

우리가 알 수 있는 건 단지, 시간이 갈수록 더 어두워지고 차가워지는 방향으로 우주가 변하고 있다는 사실뿐이다. 우리는 그저 매일 조금씩 쇠약해지고, 쓸쓸해져 가는 우주의 모습을 바라본다. 그리고 부디 우주가 영원히 사라지지 않고, 다시 새로운 싹을 피우기를 바랄 뿐이다.

고흐는 병원에 머무는 동안 천문학자 파슨스의 책 속에 담긴 소용돌이치는 은하들의 삽화를 보면서 캔버스에 밑그림을 그렸다. 고흐는 우리 우주가 그 은하들처럼, 소용돌이치고 물결치는 세상일지 모르겠다고 생각했다. 이후 병원을 퇴원한 고흐는, 그해 여름 거대한 사이프러스 나무 뒤로 떠오른 밝은 금성과 그믐달이 물결치는 밤하늘을 완성했다. 고흐의 대표작 「별이 빛나는 밤」은 이렇게 완성되었다.

물론 고흐는 천문학을 잘 알지 못했고, 자신이 본 삽화에 담긴 천체가 사실 우리 은하 바깥의 거대한 또 다른 은하라는 사실과, 그

은하들이 시간이 흐르면서 우리에게서 멀어지며 결국 영원한 어둠 속으로 사라질 것이란 사실도 알지 못했다. 하지만 고흐는 분명 알고 있었다. 그런 깜깜한 어둠의 끝에는 또 다른 새로운 우주가 기다리고 있을지 모른다는 걸 말이다.

가장 어두운 밤도 언젠가 끝이 나고 태양이 떠오를 것이다.

— 빈센트 반 고흐

지웅배(과학 저술가, 연세 대학교 은하 진화 연구 센터 연구원)

2부

생명의 시작과 끝

6.
어디서부터가 물질, 어디서부터가 생명? 생화학의 입장에서 본 생명

이미 생명 창조는 신의 전유물이 아니다. 벌써 11년 전 인류는 합성 생물을 만들어 냈기 때문이다. 2010년 크레이그 벤터(Craig Venter) 연구진은 「화학적 합성 유전체에 의해 제어되는 세균 세포의 창조(Creation of a bacterial cell controlled by a chemically synthesized genome)」라는 제목의 논문을 《사이언스》에 발표했다.

이 논문에 소개된 연구는, 아주 단순한 세균의 유전체를 유전자 데이터베이스의 정보로부터 인공적으로 합성한 후 다른 종의 세균에 이식하고 원래 그 세균이 가지고 있던 유전체는 제거하는 것이었다. 이렇게 만들어진 새로운 생명체는 합성된 유전체 정보만으로도 자기 복제와 대사 작용이라는 생명 활동을 정상적으로 수행했다. '합성 생물학(synthetic biology)'의 시대가 열린 것이다. 이후 생명 유지에 필요한 정보를 최소화하거나 서로 다른 생명체의 염색체를 합성하거나 이어 붙여 새로운 생명체를 만들어 내는 연구가 폭발적으로 증가했다.

합성 생물학은 코로나19 백신 개발과 같은 응용 분야에서도 큰 역할을 하지만, 궁극의 목표는 생명 창조의 비밀을 밝히겠다는 것이다. 즉 경쟁 기업의 제품을 뜯었다가 재조립함으로써 특허 기술을 알아내는 리버스 엔지니어링(reverse engineering)처럼, 물질을 가지고 인공 생명체를 만들어 봄으로써 물질에서 생명으로의 급격한 변화, 즉 생명 창조가 어떻게 가능했는지 이해하려는 것이다. 실제로 벤터는 자서전에서 "나는 진정한 인공 생명을 창조해서 우리가 생명의 소프트웨어를 이해하고 있다는 사실을 보여 줄 생각이다."라고 했다.

합성 생물학과 유전체 편집 기술의 눈부신 발전에도, 현대의 생명 과학은 아직 다음 두 가지 궁극적 질문에 답을 제시하지 못하고 있다. 하나는 '어떻게 물질에서 생명이 만들어졌을까?'이고, 다른 하나는 '어떻게 물질로 이루어진 생명체에서 의식이 만들어졌을까?'이다. 이러한 질문에 접근하기 위해서는 먼저 물질과 생명을 구분할 수 있어야 한다. 생명도 물질로 만들어져 있다면 생명과 물질은 어떻게 다른 것일까?

우리 모두 생명체이지만 누가 '생명이 무엇입니까?' 하고 물어오면 대답하기 쉽지 않다. 과학적으로도 '생명'을 설명하기는 어렵다. 그래서 우리는 생명을 설명하기 위해 '생명' 대신 '생명 현상'을 나타내는 구조물인 '생명체'의 구성 물질과 특성을 이야기한다.

지구에 존재하는 모든 물체는 같은 화학적 성질을 유지하면서, 더 이상 나뉠 수 없는 다양한 원소들로 이루어져 있다. 생명체도 화학적으로는 모두 원소들로 이루어져 있다. 생명체는 대표적으로 탄소, 수소, 산소, 질소, 인, 황 그리고 미량의 다양한 무기물 등의 원소들로 이루어진다. 이 원소 중 생명 유지에 꼭 필요한 인이나 황 같은 큰 원소들은 지구가 속한 태양계의 나이 정도의 별에서는 만들어질 수 없는 원소들이라고 한다. 그러므로 원소의 입장에서 보면 모든 생명체는 다른 별에서 온 별의 후예들이다.

두 종류 이상의 다른 화학 원소가 일정 비율로 결합하여 만들어진, 물리적 방법으로 더 나눌 수 없고 고유한 물리적 성질을 갖는 물질을 화합물이라고 한다. 그중 탄소를 기반으로 한 화합물을 유기 화합물이라고 한다. 생명체는 물과 탄수화물, 지질, 단백질 그리고 핵산의 고분자 유기 화합물로 이루어져 있다. 모든 생명체에서 생명을 구성하는 가장 중요한, 가장 큰 비중을 차지하는 보편적인 성분은 바로 물(H_2O)이다.

지구 생명체는 물에서 처음 생겼다고 예측된다. 생명체의 구성 성분으로 모든 생명 현상을 직접적으로 수행하는 단백질, 생명체의 내부와 외부를 물리적으로 분리해 주는 지질, 생명체에서 유전 정보로 사용되는 핵산 그리고 주된 에너지원으로 사용되는 탄수화물 등이 생명 현상을 위해 수행하는 기능에 맞는 구조를 갖게 되는 것도 모두 물을 용매로 하기에 가능하다. 그래서 물을 '생명의 용매'라고 한다.

생명체는 화학적으로는 단순한 물체와 유사한 원소로 만들어졌지만, 생명이 없는 물체와 다른 특징들을 가지고 있다. 이를 열거해 보자면, 생명체는 외부 변화나 자극에 반응하고, 외부 환경에서 에너

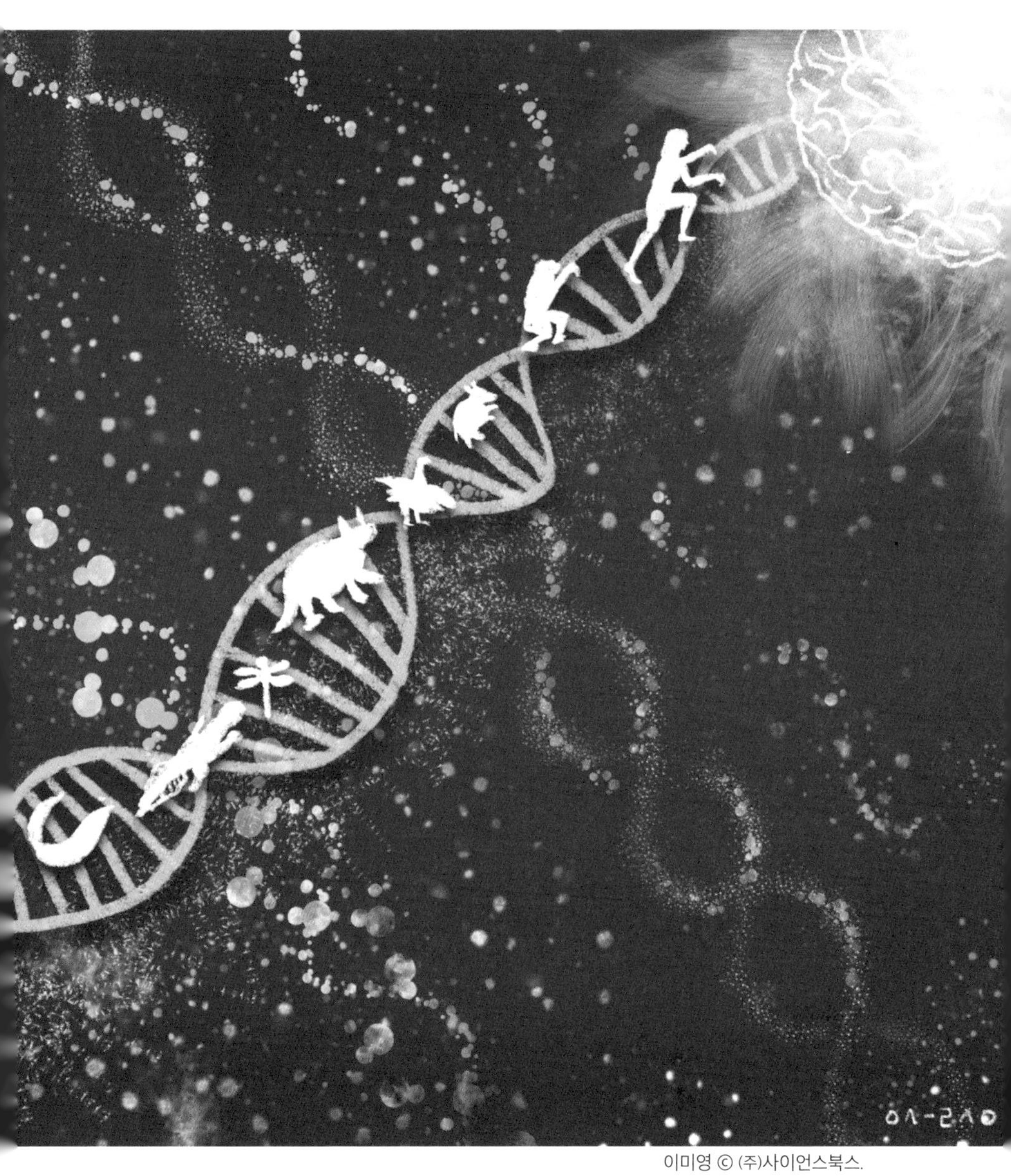

지원을 받아들여 호흡으로 에너지를 생산하여 자신을 유지한다. 생명체는 계속 성장, 변화하여 죽음에 이르는 비가역성을 갖는다. 생명체는 자신과 동일한 개체를 재생산하는 생식을 한다. 생명체는 자기 조직화 능력이 있으며 그 구성 성분들로부터 재생을 통해 자신을 유지한다.

그러나 이러한 생명체의 특징은 모두 예외가 있고, 단 한 문장으로 '살아 있는 것'은 모두 포함하고 '살아 있지 않은 것'은 모두 배제할 수 있는 생명체의 특징을 찾고자 한다면 이는 불가능하다. 예를 들어, 요즘 전 세계의 관심사인 코로나19 바이러스는 생명체인가? 바이러스는 보통 때는 물질과 동일하게 아무런 생명체의 특징을 보여주지 않지만, 생명체에 침투하면 갑자기 빠른 속도로 자신을 복제하고 자기 조직화하는 생명체의 특징을 보여 준다. 그 과정에서 인간 및 온갖 생명체를 죽음으로 몰아넣기도 한다. 즉 바이러스는 그 자체는 생명체가 아니지만 생명체 안에서만 생명체의 특징을 갖는 무생물과 생물의 중간 형태이다.

생명체의 정의를 조금 더 과학적으로 표현하면, '우주의 무질서도, 즉 엔트로피(entropy)는 계속 증가한다는 열역학 제2법칙에 반하여, 외부 에너지를 이용해 무질서도가 더 낮은 상태의 개체를 자발적으로 만들고 유지할 수 있는 존재'이다. 그러므로 생명이 없어지는 순간 생명체는 무질서도를 낮춰 주는 형태와 행태를 유지하지 못하고, 탄소, 질소, 산소, 수소 같은 원소들로 무정하게 분해되어 생명 없는 우주로 회귀한다.

그렇다면 열역학 제2법칙이라는 우주의 섭리에 반하는 존재가 어떻게 지구에서 태어날 수 있었을까? 찰스 다윈(Charles R. Darwin)부터 알렉산드르 오파린(Aleksandr I. Oparin)과 존 홀데인(John. B. S. Haldane)까지 과학자들은 지구에 생명의 자연적 발생이 한 번 있었고, 이는 산소가 없던 원시 지구에 수프 상태로 다량 존재하던 유기물로부터 유래했을 것이라고 주장해 왔다. 그리고 이 가설은 원시 대기와 유사한 조건에서 유기물이 저절로 합성될 수 있음을 보인 해럴드 유리(Harold C. Urey)와 스탠리 밀러(Stanley L. Miller)의 1953년 실험을 통해 증명되었다. 그러나 과학은 이 유기물들이 모여 어떻게 생명체를 탄생시킬 수 있었는지, 심지어 생명의 탄생 현상이 지구에서 한 번만 있었는지도 아직 설명하지 못하고 있다.

노벨상을 받은 화학자 일리야 프리고진(Ilya R. Prigogine)은 열역학적 평형 상태에서 먼 우리가 사는 비평형적 상태의 세계에서는 시간이 지나면서 미시적 요동이 증폭되어, 무질서하게 흐트러져 있는 주위에서 에너지를 흡수하여 무질서도를 감소시키는 무산 구조(dissipative structure)라는 구조가 자발적으로 나타날 수 있음을 보였고, 열역학적으로 무질서도에 역행하는 생명체의 출현도 이러한 방식으로 가능했을 것이라고 주장했다. 하지만 아직 입증되지는 않았다.

최근에는 세포 내 '단백질 상 분리(protein liquid-liquid phase separation) 현상'에 대한 연구가 생명의 기원에 대한 단서를 제공할 수 있지 않을까 기대를 모으고 있다. 2015년 이후 생명 과학계의 중요한 화두가 된 생체 내 단백질 상 분리는 생명체 내에서 물에 녹은 상태로 존재하는 많은 단백질이 (때로 핵산과 함께) 물리적 특성을 바꾸며 서로 뭉쳐 특정 기능을 수행할 수 있는 구조물을 만드는 현상이다.

이미 이런 현상을 통해 만들어진 단백질(과 때로는 핵산) 복합체가 세포 내에서 유전자의 발현, 다양한 스트레스에 대한 반응 등 생명체의 기능을 유지하기 위한 다양한 생리 현상을 조절하는 것이 밝혀지고 있다. 과학자들은 이런 현상을 통해 원시 지구에 수프 상태로 다량 존재하던 유기물들이 서로 모여 생명 현상과 관련된 기능을 수행하기 시작하면서 생명 창조가 가능해졌을 것이라 예측하고 있다. 이런 기묘한 현상이 생명 창조의 핵심 메커니즘일지도 모른다.

앞에서 이야기한 합성 생물학도 바로 이러한 물질에서 생명체로의 극적인 전환을 이해하고자 하는 노력의 일환이다. 합성 생물학은 20세기 후반부터 급속히 발전한 분자 생물학과 2003년 인간 유전체 프로젝트 이후 축적된 유전 정보에 대한 막대한 데이터를 바탕으로, 자연이 만든 '생명의 책'에 적힌 유전 정보를 단순히 읽고 해석하는 게 아니라 새로운 생명의 책을 직접 쓰고 만들어 봄으로써 생명의 본질과 기원을 이해해 보려는 시도인 셈이다.

그렇다면 과학자들은 왜 이렇게 생명의 기원을 알고 싶어 하는 것일까? 여러 답이 있겠으나, 내 생각에는 생명의 기원을 찾아가는 과정은 별 먼지에서 유래해서 찰나의 생명으로 지구에 머물다 가는 의식이 있는 특별한 존재로서 인간이 자기 존재의 비밀과 의미를 찾아가는 영적인 과정이 아닌가 싶다.

송기원(연세 대학교 생화학과 교수)

7.
다윈의 진화론은 지금도 과학의 최전선일까?
『종의 기원』이 남긴 세 가지 선물

세상에 영원한 것은 없다. 과학도 마찬가지다. 과학도 태어나서 자라고 죽는다. 1,500년 묵은 프톨레마이오스 천문학도 코페르니쿠스에 의해 뒤집혔고, 300년 이상을 호령하던 뉴턴 역학도 아인슈타인의 특수 상대성 이론으로 대체되었다. 과학 철학자 토머스 쿤(Thomas S. Kuhn)이 말한 대로 패러다임의 이러한 교체가 과학사의 패턴이라면, 160여 년 전에 인류 지성사의 변곡점을 찍은 『종의 기원(*On the Origin of Species*)』(1859년)도 언젠가는 새로운 패러다임으로 교체될 것이다. 하지만 다윈의 진화론은 아직 건장하다. 아니, 생산적인 논쟁을 촉발하고 있는 전성기다. 그렇다면 과학의 최전선에서 다윈의 자리는 어디일까?

우선 다윈이 우리에게 준 선물로 이야기를 시작해 보자. 선물은 크게 두 가지였다. 하나는 진화의 과정이 어떻게 일어나는가에 대한 주요 메커니즘으로서 자연 선택을 내세웠다는 점이다. 그는 이 선택 과정을 통해 개체 간의 차등적인 생존과 번식이 일어나며 그로 인해 생명이 진화한다고 생각했다. 다른 하나는 생명이 마치 나뭇가지가 뻗어 나가듯 진화한다는 사실을 밝혀 준 데 있었다. 우리는 이를 '생명의 나무(tree of life)'라 부른다. 자연 선택 이론도 그렇지만 생명의 나무 이론도 전통적인 생명관을 완전히 바꿔 놓았다. 독창적인 이 두 개념 덕택에 우리는 드디어 자연계에 존재하는 놀라운 다양성과 기막힌 정교함을 지적으로 이해할 수 있게 되었다. 즉 다윈은 생물의 세계에 대한 인류의 문맹을 퇴치해 주었다.

이런 혁명만으로도 고마운데, 지난 160년 동안 다윈의 진화론은 생물학뿐만 아니라 다른 자연 과학 및 사회 과학 영역에도 새로운 관점과 분석의 틀을 제공해 왔다. 많지만 크게 세 가지만 살펴보자. 첫째는 이타성에 대한 새로운 이해이다. 잘 알려져 있듯이, 다윈은 동물의 이타적 행동을 집단의 관점(집단을 위한 희생)으로 설명하려고 했다. 하지만 이에 만족할 수 없었던 그의 후예들은 유전자의 시각에서 문제를 풀었다. 진화 생물학자 윌리엄 해밀턴(William D. Hamilton)의 포괄 적합도 이론에 세례를 받은 리처드 도킨스(Richard C. Dawkins)는 그의 『이기적 유전자(*The Selfish Gene*)』(1976년)에서, 이타적으로 보이는 동물의 협동 행동이 유전자의 관점에서는 '이기적'일 수 있음을 보여 주었고, 인간도 결국 '유전자의 운반자'라는 점을 강조했다.

하지만 이타성의 진화 문제를 둘러싼, 이른바 '선택의 단위 논쟁'이 아직 깨끗이 정리되지는 않은 듯하다. 물론 주류 진화학자들은 포괄 적합도 이론을 계승하고 발전시키는 것으로 충분하다고 주장하지만, 아주 최근까지도 다수준 선택 이론과 같은 집단 선택 이론을 제시하는 진영이 등장하고 있다. 만일 다윈이 살아 있다면, 어디에 손을 들어 줄까?

둘째, 진화학자들은 현대 발생학의 도움으로 발생 메커니즘의 진화를 새롭게 이해하기 시작했다. 사실 '근대적 종합(Modern Synthesis)'이나 '신다윈주의(Neo-Darwinism)'로 불리는 1940년대 진화론은 반쪽짜리였다. 왜냐하면 당시에는 하나의 세포(수정란)가 어떻게 개체로 자라는지 그리고 그런 발생 메커니즘 자체가 어떻게 진화해 왔는지에 관해 별다른 관심과 지식이 없었기 때문이다. 발생을 조절하는 유전자들의 정체가 속속 밝혀지기 시작한 1980년대에 들어서서야 진화와 발생의 진정한 종합이 일어나기 시작한다.

이 둘의 만남을 통해 태어난 새로운 분야가 바로 '이보디보(evo-devo, 진화 발생학의 애칭)'다. 이보디보의 가장 극적인 성공은 아마도 호메오박스(homeobox)의 발견일 것이다. 발생학자 에드워드 루이스(Edward B. Lewis)는 1940년대부터 초파리의 체절 형성을 조절하는 호메오 유전자(homeotic genes)를 연구했었는데, 1970년대 후반기에 이르러 그 염기 서열(호메오박스)이 밝혀졌다. 그 이후로 연구자들은 이 호메오박스(180개의 염기로 구성된 특정 DNA 사슬)가 초파리의 모든 세포 내에서 전사(transcription) 과정의 스위치를 정교하게 작동시킴으로써 세포의 운명을 결정하는 마스터 스위치 역할을 담당한다는 사실을 알게 되었다. 루이스 등은 호메오박스 유전자를 발견한 공로로 1995년에 노벨 생리 의학상을 수상했다.

더욱 놀라운 점은 똑같은 호메오박스들이 초파리뿐만 아니라 심지어 쥐나 인간과 같은 척추동물에서도 발견된다는 사실이었다. 예를 들어 초파리의 발생 과정에서 배아의 전후 축을 결정하는 염기 서열은 포유류의 척추와 골격 형성에 관여하는 유전자에도 같은 형태로 보존되어 있다. 즉 유사한 염기 서열이 계통적으로 동떨어진 종에서도 매우 유사한 기능을 하게끔 보존되어 있다는 것이다.

이런 점에서 팍스6(Pax6) 유전자는 더욱 흥미롭다. 눈(eye)의 발생을 조절하는 유전자는 척추동물에서는 팍스6이고 초파리의 경우에는 아이리스(eyeless) 유전자이다. 물론, 곤충의 눈은 겹눈으로서 척추동물의 눈과는 구조, 구성 재료 그리고 작동 방식에서 엄청난 차이를 갖고 있다. 그런데 만일 초파리의 아이리스 유전자를 생쥐의 배아에 이식하거나 반대로 생쥐의 팍스6를 초파리의 배아에 이식하면 어떤 현상이 발생할까? 놀랍게도 두 경우 모두 정상적인 눈이 발생한다. 즉 생쥐의 배아에서는 생쥐의 눈이, 초파리의 배아에서는 초파리의 눈이 정상적으로 발생한다.

도대체 어떻게 이런 일이 가능할까? 팍스6와 아이리스 유전자가 배아 발생의 꼭대기에서 미분화된 세포의 운명을 조절하는 스위치 역할을 하기 때문이다. 팍스6 유전자를 발견하는 데 큰 공헌을 한 발생학자 발터 야코프 게링(Walter Jakob Gehring)은 이런 유형의 유전자를 '마스터 조절 유전자(master control gene)'라고 명명했다. 곤충과 척추동물의 심장 발생을 동일한 방식으로 관장하고 있는 틴먼(tinman) 유전자도 그런 마스터 조절 유전자 중 하나이다.

이것은 다윈이 살아 있다면 크게 반길 만한 발견이다. 그는 『종의 기원』에서 생존 조건의 법칙과 유형 통일(unity of type)의 법칙으로 생명의 다양성과 보편성을 설명하겠다고 했지만, 솔직히 후자에 대해서는 그리 성공적이지 못했다. 하지만 이보디보는 생명의 보편성을 비슷한 레고 블록(혹스 유전자)의 공유로, 다양성을 그 블록들을 쌓는 과정의 다양성으로 모두 잘 설명한다. 게다가 이보디보는 거대 규모 진화의 경우 유전자의 빈도 변화보다 발현 방식의 변화가 더 중요하다는 사실도 알게 해 줬다.

셋째, 다윈 진화론이 만든 과학의 최전선에는 문화 진화론이 자리하고 있다. 그동안 문화는 과학적으로는 온전히 설명될 수 없는 독특한 인간 현상으로 간주되었다. 하지만 최근에 '문화 진화론'이라는 이름으로, 문화의 본성과 전승을 과학적으로 설명해 보려는 시도들이 야심 차게 진행되고 있다.

문화 진화론자의 물음은 크게 두 부분, 즉 문화 능력에 대한 진화론적 설명과, 문화 패턴과 전달에 대한 진화론적 설명으로 요약될 수 있는데, 현재 다양한 이론들이 경합을 벌이는 중이다. 그중 적응주의 이론은 인간의 마음을 수렵 채집기에 적응된 정신 기관으로 보고 문화는 그런 마음이 발현된 결과로 이해한다. 그중 대물림 이론은 인류의 젖당 내성이 문화(낙농업)와 유전자(내성 유전자) 둘 다에 의해 증가한 사례를 통해 문화가 유전자 변화의 결과이면서 동시에 원인도 될 수 있음을 주장한다. 이런 이론들이 대체로 생물학적 적합도의 관점에서 문화를 이해하는 것이라면, 밈(meme, 문화 전달자) 이론은 그것과는 독립적으로(또는 반대 방향으로) 작용할 수 있는 밈의 행동에 주목한다. 가령, 종교와 이념은 때로 사람들을 희생시키며 자신의 밈적 적합도를 높인다. 어쨌든 유력한 문화 진화론이라면, '한국의 BTS가 어떻게 전 세계 팬덤을 만들었는가?'와 같은 구체적 질문에 대해서도 과학적 대답을 내놓아야 할 것이다.

신기하게도 『종의 기원』에는 문화 진화에 관한 언급도 있다. 다윈은 책 말미에 인간의 산물도 생존 투쟁 법칙으로 설명될 수 있다고 선언한다. "우리가 생각할 수 있는 최고의 대상들, 즉 고등 동물이 만들어 낸 것들도 이 법칙들의 직접적인 결과물로서, 자연의 전쟁 및 기근과 죽음으로부터 탄생한 것들이다."

21세기 과학의 최전선을 형성하고 있는 이러한 새로운 발견과 논쟁들이 160년 전의 『종의 기원』에서 비롯되었다는 사실이 그저 놀라운 뿐이다.

장대익(서울 대학교 자유 전공학부 교수)

8.
우리는 혼자인가?
태양계 제2생명과 우주 생물학의 최전선

우주에서 생명의 존재가 확인된 곳은 지구뿐이다. 우리는 오랜 세월 동안 지구 바깥의 생명을 상상하고 찾아 왔지만, 여전히 지구 바깥에서 아무런 응답을 받지도 어떤 흔적을 발견하지도 못했다. 드넓은 우주 공간에서, 우리는 정말 혼자일까? 인류의 역사와 함께해 온 이 질문에 대답할 수 있는 날은 언제일까? 그다지 멀지 않을지도 모른다.

태양계에는 행성 8개와 거대 위성 10여 개가 있다. 그중 제2의 생명을 품고 있을 가능성이 확인된 곳은 여섯 곳이다. 비교적 온화한 상층 대기에서 생명 활동의 부산물인 인화수소가 발견된 금성, 과거에 바다가 있었고 지금도 지하에 물을 품고 있을지도 모르는 화성, 얼음 밑에 거대한 바다를 감추고 있는 목성의 달 유로파와 토성의 달 엔켈라두스, 메테인으로 된 비가 내리고 강이 흐르는 토성의 거대한 달 타이탄이다. 마지막 하나는 바로 지구다. 지구 어딘가에는 우리의 조상과 완전히 독립적으로 발생해 진화한 생명이 숨어 있을 수 있다. 이들 역시 태양계 제2생명의 후보다.

이미 지구에서 한 차례 생명이 발생했다는 것은 생명 발생이 결코 불가능한 일이 아니라는 증거다. 만약 생명 발생이 지구 또는 태양계라는 한정된 환경에서 두 번 이상 반복해서 일어났다는 것이 확인된다면 생명 발생은 충분한 조건이 갖춰진 곳에서는 자연스럽게 일어나는 현상이라고 할 수 있다. 따라서 태양계 제2생명의 발견은 그저 태양계에서 새로운 생명을 발견하는 데 그치지 않고 우주 속 생명에 대한 우리의 개념 자체를 바꿔 놓을 수 있다. 우리는 이미 우주에 별보다 행성이 더 많다는 걸 알고 있으니까.

2019년 노벨 물리학상을 받은 미셸 마요르(Michel G. É. Mayor)와 디디에 쿠엘로(Didier Queloz)의 위업은 태양과 닮은 별을 공전하는 외계 행성을 처음 발견한 것이었다. 1995년에 발견된 이 행성은 목성을 닮았지만, 공전 궤도가 수성보다 작고 겨우 사흘 만에 별을 공전하는 기묘한 행성이었다. 하지만 이후에 밝혀진 진짜 놀라운 사실은 외계 행성의 평범함이었다. 그렇다. 우주에서 외계 행성은 평범하기 그지 없는 존재다. 그저 오랫동안 꼭꼭 숨어 있었을 뿐이다.

지금까지 확인된 외계 행성의 수는 4,000개를 훌쩍 넘는다. 이 숫자가 알려주는 중요한 사실은 우리 은하에 있는 별 대부분이 행성을 가지고 있고 그중 상당수는 여러 개의 행성을 가진 다중 행성계라는 통계적 추론이다. 태양만 해도 8개의 행성을 가지고 있고 물병자리 방향으로 약 40광년 떨어진 곳에 있는 트라피스트-1(TRAPPIST-1) 행성계에는 발견된 것만 7개의 행성이 있다. 우리 은하에는 적어도 1000억 개, 많으면 4000억 개의 별이 있다고 알려져 있다. 그렇다면 행성의 수는 이보다 많을 것이다. 우주에는 이런 은하가 또다시 수천억 개에서 수조 개 존재한다는 이야기는 너무 아득한 일이니 여기서는 우리 은하에만 이야기를 한정하자.

표면에 액체 물이 흐를 수 있는 '생명 거주 가능' 행성 또는 '해비터블(habitable)' 행성의 발견은 제2생명 탐색의 중요한 지표이다. 해비터블 행성은 이미 수십 개 이상 발견됐으며 통계적으로 우리 은하에는 지구 크기의 해비터블 행성이 많게는 400억 개가 있을 것이라고 추정된다. 이 추정치에 지구보다 훨씬 크거나 작은 행성과 목성의 유로파 같은 잠재적 해비터블 위성은 포함되지 않았다. 이쯤 되면 은하는 생명 탄생을 위한 대규모 배양 시설처럼 보인다. 그중 태양계에서는 의심의 여지 없이 생명이 탄생했다. 우리와 완전히 다른 기원을 가진 태양계 제2생명의 발견은 이 생명 발생이 결코 기적이 아니라는 것을 그리고 태양계 너머에 있는 수많은 행성에서도 가능하다는 것을 알려줄 것이다.

만약 태양계에서 제2생명이 발견되지 않는다면 어떨까? 태양계 제2생명의 발견은 '우리는 혼자인가?'라는 질문에 답하기 위한 일종의 지름길이다. 발견한다면 생명 발생은 흔한 현상이며 태양계 밖에도 생명이 있다고 확신할 수 있다. 남은 일은 그저 이미 있는 것을 찾는 것이다. 하지만 발견하지 못해도 절망할 필요는 없다. 지름길 하나가 사라졌을 뿐, 우리에겐 아직 확인되지 않은 생명의 페트리 접시

토끼도둑 © (주)사이언스북스.

400억 개가 있으니까.

태양계 안과 바깥에 있는 생명의 페트리 접시는 어떻게 들여다볼 수 있을까? 태양계에서는 직접 탐사선을 보낼 수 있다. 화성과 금성에서는 이미 여러 대의 탐사선이 활약했거나 활약하고 있으며 새로운 탐사도 줄지어 계획되고 있다. 탐사선 유로파 클리퍼(Europa Clipper)는 유로파의 얼음 표면을 근접 탐사할 예정이며, 얼음 표면을 파헤칠 착륙선과 얼음 아래의 바다를 조사할 수중 탐사선도 검토되고 있다. 잠자리를 닮은 드론형 탐사선 드래곤플라이(Dragonfly)는 타이탄의 풍부한 유기물 속에서 생명의 흔적을 찾을 예정이다. 유로파 클리퍼와 드래곤플라이 모두 2020년대에 지구를 떠나 목성과 토성을 향하기 위해 준비 중이다.

외계 행성은 사정이 다르다. 항성 간 공간은 아직 인류가 극복하지 못한 거대한 공간적 장벽이다. 외계 행성에 직접 탐사선을 보내는 건 현재로서는 불가능하다. 그러나 우리에게는 수십 광년에서 수백 광년 떨어진 행성의 페트리 접시를 들여다볼 방법이 있다. 빛과 그림자를 통해서다.

지금까지 알려진 외계 행성의 절반 이상은 통과(transit) 현상을 통해 발견되었다. 통과는 행성이 별 앞을 지나가면서 별빛을 조금 가려 별의 밝기가 살짝 어두워지는 현상을 말한다. 이때 행성 그림자의 가장자리를 지나는 빛은 행성의 대기를 통과하기 때문에 그곳 하늘에 대한 정보를 가지고 있다. 때로는 행성이 별 뒤로 숨으면서 행성의 밝기만큼 어두워지는 현상도 일어나는데 이때는 '사라진 빛'을 통해 행성 표면에 대한 정보를 얻을 수 있다. 이런 정보 속에서 '바이오마커(biomarker, 생물 지표)'라는 생명의 흔적을 찾는다면 우리는 그곳에 생명이 있다고 말할 수 있을 것이다.

가장 대표적인 바이오마커는 대기 중의 산소다. 지구 대기의 21퍼센트를 차지하는 산소 대부분은 식물이나 미생물의 생명 활동으로 만들어진 것이다. 생명 활동 없이도 산소가 발생할 수는 있다. 하지만 그 양이 아주 적은데다 산소는 반응성이 높기 때문에 금방 다른 물질과 결합하여 사라져 버린다. 따라서 만약 행성의 대기에서 유의미한 양의 산소를 발견한다면 그곳에 산소를 대량으로 공급하는 어떤 메커니즘이 있다는 뜻이고 그 메커니즘의 강력한 후보가 바로 생명 활동이다.

또 한 가지 유력한 바이오마커로는 레드 에지(red edge)가 있다. 행성의 일부가 광합성을 하는 식물로 뒤덮여 있다면 지구에서 관측하는 행성의 빛에도 영향을 줄 수 있다. 광합성을 위해 흡수되는 파장의 빛과 그렇지 않은 파장의 빛 사이에 경계가 만들어지기 때문이다. 예를 들어 지구의 식물 대부분은 파장이 0.7나노미터보다 짧은 가시광선은 흡수하지만 그보다 긴 적외선은 반사한다. 그래서 우주 저편에서 지구의 빛을 분석할 경우 0.7나노미터 대역 주변에서 갑자기 빛의 세기가 달라지는 부분이 발생한다. 이게 바로 레드 에지다. 행성의 빛은 별빛과 대기 성분 등으로 인해 다양한 파장에서 흡수가 일어나지만 0.7나노미터 주변에서는 그런 현상이 거의 없기 때문에 여기에서 레드 에지가 나타난다면 가시광선 광합성을 통한 생명 활동 때문이라고 예상해 볼 수 있다.

광합성은 적외선으로도 가능하지만, 태양이 가시광선을 가장 많이 뿜어내기 때문에 지구의 식물은 가시광선에서 광합성을 한다고 알려져 있다. 하지만 붉은 태양, 즉 적외선을 뿜어내는 적색 왜성 아래에서도 식물은 가시광선으로 광합성을 할 가능성이 크다. 물에 가로막히는 적외선과는 달리 가시광선은 수면 아래 깊은 곳까지 도달할 수 있고 생명의 진화는 적외선이 닿지 않는 수면 아래에서 시작될 가능성이 크기 때문이다. 따라서 적색 왜성의 행성에서도 레드 엣지가 생명의 지표가 될 수 있다. 지금까지 발견된 해비터블 행성의 대부분이 적색 왜성을 공전한다는 것을 생각하면 레드 엣지의 이런 보편성은 아주 중요한 특징이다.

외계 행성의 희미한 빛 속에서 바이오마커를 찾는 일은 유로파나 타이탄에 탐사선을 보내는 일에 비하면 너무나도 미약한 방법처럼 보인다. 하지만 알려진 것만 4,000개가 넘고 멀지 않은 시기에 1만 개를 돌파할 외계 행성의 수는 이 미약한 방법을 직접 탐사만큼이나 위대한 가능성으로 탈바꿈시킨다.

현존하는 가장 큰 광학 망원경은 구경이 10미터 정도지만 세계 곳곳에서 구경 30미터 전후의 차세대 초거대 망원경들이 건설되고 있다. 그중에는 구경이 거의 40미터에 이르는 것도 있다. 이 망원경들이 완성되면 외계 행성 바이오마커 탐색이 본격적으로 성과를 내기 시작할 것이다.

차세대 탐사선과 초거대 망원경의 활약이 절정에 이르고 나면

2030년대가 끝나기 전에 '우리는 혼자인가?'라는 오랜 질문에 부분적으로나마 대답할 수 있는 날이 올 것이다. 그 대답은 긍정적일 수도 있고 부정적일 수도 있다. 대답이 어디를 향하고 있든, 그것은 우리가 우주를 바라보는 시선과 우주 속 우리를 스스로를 바라보는 시선 모두를 완전히 바꾸어 놓을 것이다.

해도연(과학 저술가, SF 작가, 국가 기상 위성 센터 연구원)

9.
지적 생명체 진화의 끝은?
SETI 관점에서 본 지성의 진화

외계 지적 생명체를 찾는 과학자들의 작업을 통칭해서 세티(SETI, Search for Extraterrestrial Intelligence) 프로젝트라고 한다. 지구 밖, 즉 외계 어느 곳에 존재할지도 모르는 지능을 가진 존재, '외계 지적 생명체'는 아직 발견된 적이 없는 가능성의 존재다. 말하자면 가상의 대상인 것이다. 세티 프로그램은 가상의 존재를 찾는 경계의 과학이다. 그런데 '지적'이라는 의미도, '생명체'라는 의미도 사실 모호하다. 지적 생명체라고 부를 수 있으려면 어느 정도로 지적이어야 하는지, 지능을 가진 게 꼭 '생명체'일지 불분명하기 때문이다.

아직 우리가 아는 한 전 우주를 통틀어서 지적 생명체가 존재하는 곳은 지구뿐인 것으로 관측되고 있다. 일단 모든 것이 지구의 지적 생명체인 인간을 기준으로 할 수밖에 없다. 그래서 세티 과학자들이 탐색의 대상으로 삼고 있는 외계 지적 생명체의 범위는 사실 생각보다 좁다. 우주 속에 존재할 수 있는 모든 가능한 외계 지적 생명체를 대상으로 탐색을 하지는 못하고 있다는 의미다. 그 대신 지구인처럼 지능이 발달해서 문명을 건설하고 더 나아가서 과학과 기술을 발전시키고 이를 토대로 기술 문명을 건설한 지적 생명체를 찾고자 하는 외계 지적 생명체를 찾고 있다.

이유는 단순하다. 샘플이 지구인 하나뿐이기 때문이다. 여기서부터 개연성 있는 상상력을 발휘해서 가상의 외계 지적 생명체를 찾아야 하므로 탐색의 범위를 이렇게 좁힐 수밖에 없는 것이다. 현재 우리가 찾고자 하는 외계 지적 생명체는 결국 현재의 지구 문명 정도 또는 그 이상의 과학 기술 문명을 건설한 존재인 것이다. 그래서 외계 지적 생명체를 '외계 문명체'로 바꿔 부르기도 한다.

여전히 관념적이지만 찾고자 하는 대상을 정했다면 어떻게 찾을 것인지가 관건이다. 사실 찾을 대상을 정하는 것과 어떻게 찾을 것인지 그 방법을 결정하는 것은 서로 연관된 문제이기 때문에 따로 떼어 놓고 이야기할 수는 없다. 지구 문명 정도나 그 이상의 과학 기술 문명을 찾고 있는 것이면 그런 문명이 만들어 낸 흔적을 찾을 수 있는 과학적 방법론이 뒤따라야 할 것이다. 코넬 대학교의 주세페 코코니(Giuseppe Cocconi)와 필립 모리슨(Philip Morrison)은 1959년에 과학 저널 《네이처》에 한 편의 논문을 발표했다. 외계 지적 생명체를 찾는 방법론을 처음 논한 이 논문은 과학적 세티 프로젝트의 이정표가 되었다.

코코니와 모리슨은 앞서 이야기한 것처럼 외계 지적 생명체를 지구 문명이나 그 이상의 과학 기술 문명을 건설한 문명체로 상정한다면 어떤 방식으로 그들의 존재를 알 수 있을 것인가를 탐구했다. 이들이 주목한 것은 인공적인 전파 신호였다. 지구는 태양의 빛을 반사하면서 그 존재를 드러내는 행성이다. 눈에 보이는 가시광선뿐만 아니라 태양의 전파도 반사한다. 그런데 외계인 천문학자가 현재 시점의 지구를 관측한다면 태양 전파를 반사하는 자연적인 전파 신호에 더해서 지구인의 과학 기술 문명이 만들어 낸 라디오, 텔레비전, 핸드폰, 레이더로부터 나오는 인공적인 전파 신호도 함께 관측할 수 있을 것이다. 외계인 천문학자들이 충분히 합리적이라면 자연에서 생길 수 없는, 지구로부터 나오는 인공적인 전파 신호를 관측한 결과를 바탕으로 지구에 과학 기술 문명을 건설한 지적 생명체가 존재할 것이라고 추정할 것이다. 즉 외계 지적 생명체의 존재를 확인하기 위해서 그들로부터 오는 인공적인 전파 신호를 포착하자는 것이 논문의 핵심적인 내용이었다.

실제로 전파 망원경을 사용해서 관측을 시도한 사람은 프랭크 드레이크(Frank D. Drake)였다. 드레이크는 독립적으로 전파 망원경을 활용한 세티 관측을 준비하고 있었다. 1960년에 '오즈마 프로젝트(Project Ozma)'라는 이름을 걸고 외계 지적 생명체를 찾는 첫 번째 과학적인 세티 프로젝트가 시도되었다.

'무엇을?', '어떻게?' 다음에 따라 오는 질문은 '왜?'가 될 것이다. 세티 과학자들은 왜 외계 지적 생명체의 존재를 확인하려고 하는 것일까? 당연히 과학자로서의 호기심이 그 출발점이다. 필자가 한 방송국과 함께 외계 지적 생명체에 대한 다큐멘터리를 만들면서 세티 과학자들을 만나서 왜 외계 지적 생명체를 찾는 데 온 힘을 쏟는지 직접 물어본 적이 있다. 그 질문과 함께 외계 지적 생명체를 만난다면 어떤 질문을 하고 싶은지도 함께 물었다. 드레이크의 대답은 "어떻게 수많은 자연적, 인공적 위기를 극복하고 살아남았는지"를 물어 보고 싶다는 것이었다. 다른 많은 세티 과학자들의 대답도 비슷했다.

물론 외계 지적 생명체를 찾고자 하는 가장 큰 이유는 우주에서 지구인 이외의 다른 지적 존재를 확인하려는 우주 생물학적인 호기심일 것이다. 하지만 세티 과학자들은 그들이 오랜 시간 동안 어떻게 생존했는지 그 지혜의 목소리를 듣고 싶어 했다. 우주를 바라보고 있지만 지구를 걱정하고 있었던 것이다. 그들로부터 생존의 지혜를 배우고 싶다는 말도 덧붙였다.

1960년 오즈마 프로젝트로부터 시작된 외계 지적 생명체 탐색 프로젝트는 어떤 결과를 낳았을까. 지난 60여 년 동안 전파 망원경을 사용해서 외계로부터 오는 인공적인 전파 신호를 포착하기 위해서 노력했지만 아직 발견했다는 선언을 하지 못하고 있다. 자연적인 전파 신호와 지구 내에서 발생한 인공적인 전파 신호를 제거한 후에도 남아 있는 외계로부터 온 인공적인 전파 신호로 여겨지는 신호들이 꽤 있다. 1977년에 발견된 이른바 '와우! 시그널(Wow! signal)'이 대표적인 경우다.

하지만 세티 과학자들은 여러 후보 신호가 있음에도 인공적인 전파 신호를 포착했다고 말하지 않고 있다. 가장 큰 이유는 이 신호들의 과학적 신뢰성과 관련 있다. 통계학적으로 신뢰도 95퍼센트 정도에 도달해야 그 숫자의 의미가 과학적으로 유의미해진다. 그리고 그 정도의 신뢰 수준에 도달하기 위해서는 충분히 많은 반복 관측이 이루어져야만 한다. 그런데 그런 수준에 다다른 후보 신호는 아직 없는 상황이다. 지난 60여 년 동안 세티 프로그램이 진행되었지만 전파 망원경의 우선적인 관측 대상은 천문학자들이 관심을 가진 천체였다. 세티 관측은 주로 자투리 시간을 활용해서 이루어졌다. 충분한 관측 시간을 확보할 수 없었다는 말이다.

2016년 러시아 출신 억만장자 유리 밀너(Yuri Milner)가 1억 달러(한국 돈으로 약 1200억 원)를 세티 관측에 기부하면서 상황이 좀 좋아졌다. 이 기금을 바탕으로 진행되고 있는 브레이크스루 리슨(Breakthrough Listen) 프로젝트에서는 전파 망원경 관측 시간을 충분히 확보해서 인공적인 전파 신호를 포착하려고 노력하고 있다. 지난 60년 동안 진행된 세티 프로그램보다 훨씬 더 집중적으로 세티 관측을 할 수 있게 된 것이다. 세티 과학자들은 현재 진행 중인 세티 프로젝트의 상황을 바탕으로 추론한 결과 2040년 무렵이면 최소한 1개 정도의 인공적인 전파 신호를 95퍼센트 신뢰 수준에서 포착할 것으로 기대하고 있다.

세티 과학자들은 외계 지적 생명체를 찾는 것이 우리의 미래를 미리 보는 것이라고 말하곤 한다. 외계 지적 생명체로부터 온 인공적인 전파 신호의 포착이 이루어지고 어느 정도 샘플이 쌓인다면 문명을 건설한 외계 지적 생명체의 존재가 얼마나 흔한 것인지 가늠할 수 있는 힌트를 얻을 수 있을 것이다. 아직은 요원한 일처럼 보이지만 하나의 샘플이 둘이 되고 여럿이 되면 좀 더 보편적인 추론을 할 수

밥장 © (주)사이언스북스.

있을 것이다.

지구 문명의 미래조차 가늠하기 힘든 시절이지만 외계 지적 생명체의 발견은 우주의 지적 문명에 대한 이해를 도울 것이다. 그들의 존재 유무와 생존 기간에 대한 이해는 결국 우리 지구 문명의 지속 기간을 가늠할 수 있는 거울이 될 것이다.

세티 과학자들은 아직 대중적으로나 공식적으로 선포하지는 않았지만 조심스럽게 'SETI' 대신 'SETT(search for extraterrestrial technology)'라는 용어를 쓰자고 제안하고 있다. 생물학적인 기반을 둔 외계 지적 생명체를 탐색하는 것을 넘어서 어쩌면 우리 지구 문명의 미래가 될지도 모르는 기계 기반 문명의 신호를 찾아보자는 것이다. 탄소 기반 지적 생명체를 넘어선 인공 지능 로봇의 문명까지 포괄하고, 생명의 흔적에 얽매일 필요 없이 '테크노시그니처(techo-signature)'에 집중하자는 의미이기도 하다. 그런 의미에서 궁극적으로 세티 프로젝트는 지구 문명의 미래를 미리 보려는 작업이기도 하다.

이명현(천문학자, 과학책방 갈다 대표)

10.
죽음이란 질병을 치료할 수 있을까?
생명 과학이 도전하는 죽음의 비밀

시작은 한 남자의 오만에서부터였다. 감히 포세이돈께 돌아가야 할 소를 빼돌린 크레타 왕 미노스는 그 결과로 황소에게 오쟁이 진 남편이 되었으며, 사람 먹는 괴물 미노타우로스를 아들로 얻게 되었다. 미궁에 갇혀 제물로 바쳐진 소년과 소녀를 잡아먹고 사는 괴물 미노타우로스를 물리치고, 제 자식을 괴물의 먹이로 보내야 했던 부모들의 참담함을 해소해 준 이가 바로 테세우스였다. 아테네 사람들은 그의 업적을 기리기 위해 그가 타고 돌아온 배를 보존하기로 했다. 하지만 시간은 모든 것을 마모시킨다. 사람들은 삭아 버린 조각을 떼어 내고 새로운 조각을 덧대며 끊임없이 배를 수리했다. 오랜 세월이 흘러 테세우스의 배는 여전히 건재했지만 원래 그가 탔던 배를 이루던 조각은 하나도 남지 않았다. 그렇다면 과연 이 배는 테세우스의 배라고 할 수 있는가?

테세우스의 배에 관한 역설은 동질성에 대한 유명한 철학적

난제이다. 하지만 생물학적으로 이는 너무도 자연스러운 일이다. 우리 몸은 오롯이 테세우스의 배이다. 인체는 200여 종으로 분화된 세포들이 수십조 개 이상 모여서 이루어진 다세포 복합체이다. 우리는 별문제가 없는 경우 80여 년을 살지만 세포 각각의 수명은 이보다 훨씬 짧다. 세포와 개체의 수명이 다름에도 불구하고 몸을 유지하고 심지어 불리면서 살아갈 수 있는 것은 주변 세포가 분열되어 죽은 세포의 빈자리를 끊임없이 채우기 때문이다. 테세우스의 배를 이루는 조각들과 달리 사람 몸의 세포들은 조직이 낡아서 망가지기 훨씬 전에 적극적으로 수리 및 교체 활동을 하는 매우 능동적인 존재들이다.

그래서 세포에게 죽음이란, 운 나쁜 사고 같은 게 아니라, 태어날 때부터 내포하고 있는 운명에 가깝다. 죽음이란 살아 있는 유기체를 유지하는 생물학적 기능의 정지를 의미하기에 그들이 '살아 있는' 존재가 되어야만 비로소 죽음도 가능해지기 때문이다. 삶과 죽음은 일종의 상호 작용이다. 마찬가지로 세포, 특히 다세포 생물의 조직을 구성하는 세포 각각의 삶과 죽음은 무작위 사건이 아니라, 매우 섬세하게 조절되어 일어나는 일상이다.

세포가 건강하고 안정적으로 유지되는 것은 녹록지 않다. 생존에 필요한 충분한 자원을 얻기 힘들 수도 있고, 외부에서 다양한 화학물질과 자외선, 전리 방사선 등이 유입되며, 심지어 에너지 대사 과정에서 어쩔 수 없이 만들어지는 활성 산소가 끊임없이 DNA에 손상을 주는 탓이다. 심지어 이런 모든 유해 성분들을 제거하더라도 DNA가 손상될 여지는 남아 있다.

세포 각각의 유전체는 핵 속에 고이 저장된 소장본이 아니라, 수많은 이들이 뒤적이다 펼쳐 놓은 혼란스러운 공용 도서에 가깝다. 광학 현미경으로 관찰할 경우, 세포 분열기에만 염색체를 관찰할 수 있는 이유가 바로 여기 있다. 유전 물질은 세포가 분열해 서로 복제된 정보를 정확히 나눠 가져야 할 때만 염색체 형태로 단단히 포장되며, 세포 주기의 대부분을 차지하는 간기(interphase) 중에는 가느다란 DNA의 형태로 펼쳐져 있다. 그런데 세포가 생명 활동을 수행하기 위해서는 다양한 물질들이 필요하고, 이를 만들기 위해 DNA의 이중나선은 수시로 감겨 있던 히스톤 단백질에서 풀어져 나와 단일 가닥으로 열려야 한다. 물론 복제 뒤에는 원래의 상태로 돌아가지만, 수없이 반복되는 과정이다 보니 이 과정에서 분자의 가닥들이 엉키고 꼬이고 끊어지는 일이 다반사로 일어난다.

DNA의 손상이란 길게 이어진 DNA 일부가 끊어지거나 제대로 된 상보 구조를 이루지 못하는 것을 뜻한다. 이러한 손상 부위, 즉 DSB(double-strand break)가 감지되면, 일단 세포는 세포 주기의 진행을 중지하고 손상의 정도를 파악한다. 손상 수준이 낮을 경우, 이를 복구하고 전체 시스템을 유지하지만, 손상 정도가 심각하거나 부위가 지나치게 많다면 세포는 활동을 중지하고 시스템 전체를 꺼버린다. 즉 세포 사멸이 일어나는 것이다. 만약 DNA 손상이 복구되지 않은 상태에서 세포 주기가 지속되어 복제가 이루어진다면, DNA 오류가 수정되지 않은 돌연변이체가 축적되며, 결국 이들은 종양 세포가 되어 개체의 전체 시스템을 붕괴시킬 수밖에 없기 때문에, 세포의 죽음은 반드시 필요하다.

이처럼 세포의 죽음이란 스스로 제거될 수밖에 없도록 미리 '짜여진 죽음'인 것이다. 기존에는 세포의 죽음을 세포 자멸(apoptosis), 자가 소화(autophagy), 세포 괴사(necrosis) 등 서로 다른 사멸의 형태로 구분하는 과정에 익숙했다. 세포 자멸과 자가 소화를 예정된 죽음으로, 세포 괴사를 급작스런 사고사로 보았다. 하지만 세포의 죽음에 대한 지식이 늘어나면서, 기존 분류에는 속하지 않거나 겹치거나 세부 과정에 차이가 있는 형태들이 속속 발견되기 시작했다. 예를 들어, 원래 바이러스에 감염되어 유전체에 이상이 생긴 세포들은 바이러스가 증식해 뚫고 나오기 전에 세포 자멸사를 선택하는 것이 보통이지만, 바이러스의 방해로 이를 수행할 수 없는 경우가 있다. 이 경우 세포는 ATP(adenosine triphosphate)를 소모해 능동적으로 죽음을 선택하지만 그 방식은 괴사의 형태를 띠는 혼합된 형태의 종말을 맞이하게 된다. 이러한 형태의 죽음은 '네크롭토시스(necroptosis)'로 불린다. 자멸와 괴사의 혼합형이기 때문이다.

2018년 세포 사멸 명칭 위원회(Nomenclature Commitee on Cell Death, NCCD)는 기존의 세포 사멸 분류법이 다양한 세포 사멸 과정의 특성을 충분히 반영하지 못한다는 점을 인지해 새로운 세포 사멸 분류법에 대한 체계를 제시한 바 있다. 새로운 세포 사멸 분류법의 주요한 특징은, 세포 사멸을 '조절된 세포 사멸(regulated cell death, RCD)'과 '우발적 세포 사멸(accidental cell death, ACD)'로 나누고, RCD에 속하는 세포의 죽음을 그 원인과 특성에 따라 좀 더 세분화하는 것이다.

이 분류 기준에 따르면, 세포의 죽음은 세포 사멸을 일으키는 원인과 특성에 따라 모두 더욱 상세하게 나뉠 수 있다. (https://www.nature.com/articles/s41418-017-0012-4#Sec1 참조)

그런데 새롭게 제안된 세포 사멸의 분류법에서 눈길을 끄는 것은, 세포의 죽음에 대한 분류의 상위에 치명적 손상에 대한 세포 사멸 과정과 이보다는 덜한 손상에 대한 비사멸 과정(non-lethal processes)을 나누어 놓았다는 것이다. 다시 말해, 세포의 죽음 그 자체뿐 아니라, 손상을 받았으나 아직은 죽음에 이르지는 않은 세포들까지 분류법에 포함시켜 놓았다는 것이다.

여기서 흥미로운 것은 세포 손상에 대한 비사멸적 반응, 그중에서도 세포 노화(cellular senescence)를 일으킨 '노화 세포'의 개념이다. DNA가 손상된 세포가 사멸하고 이 빈자리를 새롭게 분열한 세포가 채우는 것은, 낡은 부품을 교체해 전체의 사용 연한을 늘리는 보편적인 방식이다. 하지만 노화 세포는 DNA의 손상을 감지한 이후에도 바로 RCD의 과정을 밟는 것이 아니라, 일단은 세포의 분열만을 정지시킨 상태로 세포의 원래 기능은 계속 수행한다. 실제로 연구자들은 텔로미어의 길이가 일정 수준 이하이거나 다른 이유로 DNA의 손상이 감지된 세포 중에서 일부는 세포 사멸의 길로 들어서지 않고 그대로 유지되면서 활동을 수행한다는 것을 관측했다.

이런 세포 노화 현상은 성인의 지방 세포나 신경 세포처럼 이미 분열을 멈춘 상태에서 살아가는 세포들에도 나타난다. 노화 과정에 들어간 세포들이 그저 분열만 멈춘 것은 아니다. 이들은 살아 있고 기능을 수행함에도 스스로가 정상이 아님을 인지하기에 사이토카인의 분비를 늘려 염증 반응을 유도한다. 손상이 있음에도 죽지 않고 대사 과정을 수행하기에 후성 유전학적 잡음을 더 많이 쌓고, 따라서 주변 세포와의 신호에 교란을 일으켜, 종국에는 주변 세포들의 암세포화를 촉진하는 경향을 보이기도 한다.

데이비드 싱클레어(David A. Sinclair)와 매슈 러플랜트(Matthew D. LaPlante)가 2019년에 펴낸 『노화의 종말(*Lifespan*)』에 따르면, "인간의 노화는 자연스러운 운명이 아니라, 치료 가능한 질병이다."라고 생각하는 인간 수명 증진 프로젝트의 연구진들은 이 노화 세포들이야말로 진화상의 오류이며 이들을 선택적으로 제거하는 것이 인류 최고의 난제인 불로장수의 문제를 해결하는 열쇠가 되리라고 주장한다.

우리가 세포의 죽음에 관심이 있는 것은 그 세포의 죽음과 탄생이 결국 인간의 죽음과 탄생 혹은 질병에 시달리는 괴로운 삶과 건강하고 활기찬 삶을 가르는 바탕이 된다고 생각하기 때문이다. 세포의 죽음이 운명이기에 우리의 죽음도 삶의 일부라고 본다면, 세포의 노화가 오류이고 질병이라면 인간의 노화와 노쇠도 치료 가능한 대상이 될 수 있을까. 그 추이가 주목된다.

이은희(과학 저술가, 하리하라)

3부

우리 행성의 끝

11.
왜 생명은 그토록 다양한가? 그 신비와 상실에 대하여

생물과 다양성. 이 두 단어의 관계는 참으로 독특하다. 한편으로는 너무나 긴밀하고 당연하게 느껴진다. 사람들의 얼굴과 성격에서부터 지구상 동식물들의 종류를 생각하면 생명과 관계된 것은 무엇이든 다양하니 말이다. 다른 한편으로는 의외이고 새삼스럽다. 생물이라고 해서 꼭 이렇게 다양해야 하는 걸까? 대체 다양성이 뭐기에? 어쩌면 너무나 기본적인 세상의 속성에 관한 얘기인지라 생각하면 할수록 어렵게 느껴지기도 한다.

두 단어가 합쳐 생긴 '생물다양성(biodiversity)'이라는 합성어 또한 비슷한 처지에 있다. 어떤 이들에겐 말 그대로 생물이 다양하다는 단순한 사실로 쉽게 이해되는가 하면, 또 어떤 이들에겐 생물의 집합적인 특성을 가리키는 어떤 추상적인 개념처럼 난해하다. 최근 생물다양성이라는 용어가 사회 일반 어휘에 진입하면서 그것이 우리가 지향해야 할 하나의 가치로 회자된 이래로 이 현상은 더욱 두드러진다. 그리고 시간이 갈수록 그 용처와 의미도 다양해지고 있다.

생물다양성의 이러한 양극성 면모는 생명계의 대표적 특징임에도 불구하고 비교적 최근에 와서야 각광을 받게 된 역사와도 깊은 관련이 있다. 19세기 말에 진화론을 제창한 찰스 다윈은 유전되는 형질의 변이(variation)를 자연 선택이 벌어지는 기본 바탕으로 상정하면서 궁극적으로 다양성을 낳는 종의 분화와 같은 현상을 설명했다. 그러나 진화를 이해하는 데 유전자 또는 개체 수준의 차이가 강조된 것에 비해, 그 차이들의 궁극적인 발현 형태인 생물학적 또는 생태학적 다양성 자체는 당시에 상대적으로 크게 주목받지 못했다.

다양성(diversity)이 본격적으로 언급되는 것은 20세기에 들어오면서부터이다. 초기에는 '생물학적 다양성' 또는 '자연적 다양성'으로 일컬어지던 것이, 1986년 9월 워싱턴 D. C.에서 열린 국가 생물다양성 포럼에서 처음으로 '생물다양성'라는 축약어로 재탄생하게 되었다. 총 1만 4000명이 참가하고 전 세계에 생중계된 본 행사 덕에 이 단어가 일약 '스타덤'에 오르면서 당시 무르익고 있던 환경 문제에 대한 인식과 결합하며 크게 확산되었다. 같은 해에 미국 보전생물학회가 창립되었던 것도 결코 우연이 아니었다.

대규모 서식지 파괴와 생물의 멸종을 목도하면서 사람들은 묻게 되었다. 한 종의 생물이 사라진다는 것은 어떤 의미인가? 생물다양성의 소실은 과연 어떤 결과를 낳을 것인가? 이미 생태학의 성장으로 각각의 동식물들이 독립된 존재가 아니라 유기적인 관계를 맺으며 생태계를 구성한다는 시스템적 사고가 자리를 잡아 가고 있었다. 혹시 생태계가 돌아가는 원리가 생물이 다양하다는 사실과 어떤 관련이 있지는 않을까? 생태계를 이루는 여러 구성원들 간의 관계에 대한 관심이 구성원들의 다양성 자체에 대한 자각까지 이어진 것이다.

생물다양성에 대한 본격적인 탐구는 이렇게 생태학적 맥락 속에서 시작되었다. 학자들의 주된 질문은 이것이었다. 생물다양성이 갖는 생태적 기능은 무엇인가? 그래서 이 주제에 대한 연구를 통틀어 생물다양성과 생태적 기능 논란(biodiversity & ecosystem function debate)이라고 부른다. 생물다양성이 진화의 여러 갈래로 비롯된 하나의 부수 현상에 불과한지, 아니면 다양성 자체가 생태계의 작동 원리를 관장하는 하나의 결정 요인인지를 판가름하기 위해 각종 이론 및 실험적 연구가 수행되었다.

초기 학자들은 다양성이 높으면 생태계의 안정성과 저항성이 높다는 경향을 관찰하였다. 하지만 정량적인 분석이 아직 발달하기 전이라 이러한 가설은 제대로 검증되지 못했다. 그런 와중에 로버트 메이(Robert M. May)를 필두로 한 수리 생태학적 접근법은 종의 수가 많을수록 생태계의 안정성이 오히려 낮아진다는 모델을 제기하면서 논란은 가열되었다. 하지만 이론은 어디까지 이론. 자연에서는 실제 어떤 현상이 나타나는지에 대한 실측 자료가 필요했다.

생물다양성과 생태적 기능에 대한 현장 실험을 개척한 연구는 데이비드 틸만(G. David Tilman)이 미네소타의 초지 생태계를 대상으로 한 것이었다. 처음에는 3×3미터, 이후에는 9×9미터 크기의 방형구 수백 개에 다양성의 정도를 조절하며 식물을 심고 각 방형구가 어

토끼도둑 © (주)사이언스북스.

떻게 다르게 자라는지를 측정하였다. 그 결과 다양성이 높으면 생산성도 높아지고, 가뭄에 대한 저항성도 강해진다는 것이 나타났다. 또한 다양한 식물로 구성된 곳에서는 토양 내 질산염 유실량이 적었다. 그만큼 식물에 흡수되어 생태계 내로 편입된 영양분의 양이 많아진 것이다.

실험실에서 벌어진 다른 연구들도 속속 발표되었다. 이른바 '에코트론(Ecotron)'이라는 실험 장치가 등장하여 토양 미생물과 지렁이, 식물, 곤충과 달팽이 등의 동물로 구성된 인공 먹이 그물이 조성되었다. 실험 결과, 먹이 그물이 다양할수록 식물의 1차 생산량이 높아지는 것이 확인되었다. 그런가 하면 다양성 자체보다는 식물들의 기능적 특징이 중요하다는 연구들도 등장했다. 가령 질소 고정 등의 중추적 기능을 하는 식물이 얼마나 포진해 있는가가 그 절대 수보다 생산성이나 안정성에 더 큰 영향을 끼친다는 것이었다. 유럽 각 지역에서 동시에 수행된 한 연구에서도 식물 기능군의 수가 생산성에 가장 크게 기여하는 것이 나타났다.

다양성 자체가 중요한 것인지, 군집에 속한 종의 조합이 관건인지 등 정확한 인과 관계의 해석은 조금씩 달라도 대부분의 연구는 다양성이 생태계의 안정성에 긍정적인 역할을 한다는 것을 지지한다. 하지만 자세히 들여다보면 상황은 더 복잡해진다. 왜냐하면 생태계의 생물학적, 지리학적, 화학적 기전에 기여하는 종은 대체적으로 전체의 20~50퍼센트에 불과하기 때문이다. 다른 말로 하면 생태적 역할이 불분명한 종이 훨씬 많다는 것이다. 또한 멸종 위기 종은 이미 개체

수가 너무 적어서 생태계 내의 역할이 사실상 없어진 상태일 때도 있다. 하지만 그 종의 원래 역할 또는 기능이 어떠했을지는 지금 정확히 알기 어렵다. 한창 망가져 가는 생태계를 놓고 각 부속의 역할을 정확히 파악하기란 처음부터 무리였는지도 모른다.

이러한 다양성 연구의 맥을 관통하는 사상은 바로 기능주의(functionalism)이다. 다양성 자체이든, 각각의 생물이든, 생태적 기능이 무엇이냐를 따지고 그것에 의거해 가치를 부여하는 관점이다. 생태계 서비스(ecosystem service)라는 개념 또한 바로 이런 맥락에서 발전한 것이다. 그러나 얼핏 분명한 결론이 예상되는 기능조차도 그 기능의 주체를 명확히 하는 것은 쉽지 않다. 가령 앞서 이야기한 유럽 연구에서는 한 가지 생태계 서비스가 제공되기 위해서는 언제나 여러 종이 필요했고, 한 종이 여러 기전에 관여하기도 하였다. 또한 생태계를 이루는 여러 관계망 중 느슨한 상호 작용으로 구성된 연결 고리가 다양성을 증가시킨다는 결과가 나오기도 하였다. 무엇이 어떤 기능적 가치를 지니는지는 다양성이라는 복잡계 속에서 그 판단이 모호해질 수밖에 없는 것이다.

바로 이런 맥락에서 이젠 다양성의 상실로 눈을 돌려야 하는 것이다. 왜냐하면 그 어떤 관점의 연구이든 생물다양성을 전제로 하고 있지만 그 대전제가 하루가 다르게 무너지고 있기 때문이다. 멸종은 언제나 일어나는 것이라고 혹자는 말한다. 하지만 지금 눈앞에 벌어지는 멸종은 원래의 자연적 빈도에 비해 100~1,000배 빠르게 벌어지고 있다. 과학적으로 밝혀진 지구 전체의 종 수는 약 800만, 그중

무려 100만 종이 멸종 위기에 처해 있다. 그마저도 매일 평균 300개의 신종이 발표되는 것을 감안하면 과소 평가된 수치일 수밖에 없다. 2017년에 '발견된' 신종 타파눌리오랑우탄(*Pongo tapanuliensis*)처럼, 발견되자마자 멸종 위기인 종도 허다하니 말이다.

우리가 소중히 여기는 모든 것은 특별함과 고유함에 기초한다. 어떤 사람이, 사물이 대체 불가능할 정도로 독보적일 때 비로소 가치가 발생한다. 그 모든 가치는 다양성의 산물이다. 다양성 중에서도 생물다양성의 표현이자 작품이다.

김산하(생명다양성재단 사무국장)

12.
섭씨 2도인가, 섭씨 1.5도인가?
지구 가열과 기후 위기의 최전선

기후 위기가 임계 수준을 넘으면 우리는 회복할 수 없고 통제할 수 없는 파국에 빠진다. 그래서 2015년 파리 기후 변화 협약(United Nations Framework Convention on Climate Change, UNFCCC)에서 "지구 기온 상승을 섭씨 2도 아래에 머물게 하고, 섭씨 1.5도를 넘지 않도록 노력한다."라는 임계 수준의 목표에 합의했다. 2018년 인천에서 열렸던 정부 간 기후 변화 협의체(IPCC) 48차 총회에서는 세계 각국의 과학자들은 '지구 온난화 섭씨 1.5도'에도 대응해야 하는 과학적 근거와 그 방안을 특별 보고서로 발표했다. (이하 '섭씨' 생략)

지구 역사에서 인간이 없었던 시대에도 지구는 뜨거워지기도, 차가워지기도 했었다. (현재의 지구 평균 기온은 섭씨 15도이다.) 신생대에서 가장 기온이 가장 가파르게 상승했던 팔레오세-에오세 온난화 극대기(Paleocene-Eoccne thermal Maximum, PETM)에는 지구 평균 기온이 지금보다 15도가량 더 뜨거운 온도까지 올라갔다. 그 뒤 기온이 하강하여 270만 년 전부터 빙기와 빙기 사이에 간빙기가 나타나는 주기적인 변화가 일어났고 빙기에는 지금보다 최대 5도 더 차가웠다. 자연적인 기온 변화는 20도나 되는데 인류가 화석 연료를 태워 변화시킨 기온은 1도 정도다. 이는 신생대에서 일어난 자연 변동의 5퍼센트 정도에 불과하다. 그런데 과학자들은 여기에 기온 상승이 0.5도와 1도 더해지는 것이 어째서 위험하다고 하는가?

대기 중 이산화탄소 농도는 지난 2만 년 전 빙하가 최대로 확장했을 때 0.02퍼센트(180피피엠)에서 1만 년 전 간빙기에 도달했을 때 0.03퍼센트(280피피엠)로 증가했다. 이때 평균 기온은 약 4도 상승했는데 자연적으로 일어난 빠른 변화였다. 지난 100년 동안 인간 활동으로 이산화탄소 농도가 0.01퍼센트(130피피엠) 더 증가하여 현재 0.04퍼센트(410피피엠)에 달했고 기온은 1도 더 상승했다. 인간은 자연보다 이산화탄소 농도 증가는 100배 그리고 지구 가열 속도는 20배 이상 빠르게 변화시키고 있다. 현재의 기후 위기에서 중요한 것은 변화 크기보다 변화 속도다.

지구 가열 속도가 빨라짐에 따라 생태계가 망가지는 속도도 빨라진다. 마치 젠가 게임의 벽돌 빼기처럼 약한 생명이 생태계에서 사라지고 있다. 아직 생태계가 유지되므로 인류에게는 별일 없어 보인다. 그러나 지금 생태계는 듬성듬성 쌓여 있는 젠가와도 같다. 어느 젠가 벽돌 하나를 빼내는 순간 젠가 기둥 전체가 무너지는 것과 마찬가지로 언젠가 어느 생명 하나가 멸종되는 순간 전체 생태계가 무너질 수 있다.

지난 5억 4000만 년 동안 다섯 번의 대멸종 사건이 있었다. 당시 먹이 사슬의 최정점에 있었던 생명체는 생태계 전체에 생존을 의지했기 때문에 완전히 멸종했다. 그래서 1억 년 전 이 세상을 지배했던 공룡이 다섯 번째 대멸종에서 단 한 마리도 살아남지 못했다. 지금 먹이 사슬의 최정점에는 인류가 있다. 이전 멸종은 자연적인 원인으로 발생했지만, 지금 멸종은 인류 스스로 일으키고 있다.

기온 상승은 지구가 열병을 앓고 있음을 나타내는 지수이기도 하다. 체온이 몸 상태를 나타내는 지수인 것과 마찬가지다. 정상에서 1도를 넘으면 몸에 이상을 느끼고 1.5도를 넘으면 치료를 받아야 한다. 3도를 넘으면 죽음에 이르게 될 수도 있다.

지구 평균 기온이 1도 상승한 현재, 때에 따라 장소에 따라 일어나는 극단적인 날씨로 기후 위기를 감지할 수 있다. 인간이 일으킨 지구 가열의 추세는 현재 10년에 0.1도와 0.3도 사이이다. 현재의 기온 상승 속도가 지속하면, 2030년과 2052년 사이에 지구 평균 기온이 1.5도 높아진다. 그렇게 되면 극단적인 날씨가 언제나 전 세계 여러 곳에서 발생하게 될 것이다. 기온 상승이 2도를 넘어서면 그 충격이 훨씬 더 심해진다. IPC(Intergovernmental Panel on Climate Change, 기후 변화에 관한 정부 간 협의체)의 「지구 온난화 1.5도 특별 보고서(Special Report on Global Warming of 1.5℃)」(2018년)는 평균 기온이 1.5도 또는 2도 상승할 경우 그것이 어떤 영향을 미칠지 분석했다. 극심한 폭염에 노출되는 사람이 2.6배 증가하여 약 4억 2000만 명이 늘어나며, 물 부족으로 고통 받는 사람들의 수는 2배로 증가한다. 해수면 상승이 10

밥장 © (주)사이언스북스.

센티미터 더 높아져 해안 홍수, 해변 침식, 염분 침입과 해안 생태계의 파괴로 피해를 볼 사람이 1000만 명 이상이나 늘어난다.

전 세계 옥수수 수확량은 평균 기온이 1.5도 상승 시 6퍼센트, 2도 상승 시 9퍼센트 감소한다. 전 세계 어획량은 1.5도 상승 시에는 연간 150만 톤 감소하는데, 2도 상승 시에서 그 2배인 약 300만 톤이 줄어든다. 1.5도 상승하면 곤충 6퍼센트, 식물 8퍼센트와 척추동물 4퍼센트가 기후에 적합한 영역을 절반 이상 상실한다. 2도 상승에서는 이 상실 비율이 각각 18퍼센트, 16퍼센트와 8퍼센트로 증가한다. 해양 가열, 산성화와 더 강한 폭풍으로, 산호초는 평균 기온 1.5도 상승 시 70~90퍼센트, 2도 상승 시 99퍼센트가 감소한다. 여름철 북극 해빙은 1.5도 상승하면 1세기에 한 번씩, 2도 상승하면 10년에 한 번씩 완전히 사라진다.

2021년 8월에 발표된 IPCC 6차 보고서에서는 2021~2040년에 지구 기온 상승이 섭씨 1.5도를 넘어설 것이라고 전망했다. 온실기체를 더 많이 배출하는 시나리오일수록 섭씨 1.5도를 넘는 시점은 점점 더 빨라진다. 이 시점이 2018년 IPCC의 지구 온난화 1.5도 특별보고서에서는 2030~2052년이라고 했는데 10년 이상 앞당겨진 셈이다. 기후 변화의 속도가 빨라지면, 더 극단적인 날씨가 더 많이 발생하게 된다. 비정상이 새로운 정상이 되고 새로운 비정상이 전례 없는 것이 된다. 이것이 우리가 두려움을 가져야 할 이유이다.

문명이 지속할 수 있는 기후 범위에 관해 2020년 5월 《미국 국립 과학원 회보(*Proceeding of the National Academy of Science*)》(PNAS)

에 논문이 실렸다. 인류에게 가장 적합한 전 지구 평균 기온은 섭씨 13도이며 그 범위는 섭씨 11~15도라고 분석했다. 이 좁은 범위에서만 식량을 지속적으로 풍부하게 생산할 수 있기 때문이다. 그러나 논문은 기후 위기가 이 최적 기온 범위를 벗어나게 해 문명을 지탱할 수 있는 기반을 흔들어 놓을 것으로 전망했다. 기온 상승 2도를 막지 못하면 2070년경에는 현재 15억 명이 사는 지역에서 사람이 살 수 없게 되리라 전망했다.

IPCC는 20년 전부터 기후계에 혼돈을 일으킬 티핑 포인트를 고려했다. 당시에는 지구 평균 기온이 산업화 이전보다 섭씨 4~5도 이상 상승할 때 티핑 포인트가 발생할 것으로 전망하였다. 이후 기후 위기가 더 빨라지고 더 명확해졌다. 2018년 「지구 온난화 1.5도 특별 보고서」에서는 섭씨 1도와 2도 사이의 기온 상승에도 티핑 포인트가 일어날 가능성이 있다고 했다. 파리 기후 변동 협약에서 각국이 자발적으로 서약한 온실 기체 감축 목표를 지킨다 해도, 이번 세기말에는 기온이 섭씨 3도 이상 상승할 것으로 전망된다. 결국 이대로는 문명이 무너지는 것이다.

인류는 전쟁, 자연 재난, 감염병, 금융 위기 등 수많은 위험을 겪었다. 그렇지만 그 위험은 끝이 있었고, 그 위험에서 회복되었다. 시행 착오를 겪기는 했지만, 그 과정에서 더 나은 세상을 만들기도 했다. 하지만 기후 위기가 본격적으로 일어나면 인류는 이를 극복할 수 없다. 기후 위기는 여러 위기 중 하나가 아니라 모든 위기를 압도하는 통제 불가능하고 회복 불가능한 위기이기 때문이다. 기후 위기가 일어나면, 그로부터 벗어나려는 미래 세대의 모든 분투가 의미 없게 된다는 것이 더욱더 비극적이다.

기온 상승을 2도 이내로 억제하려면 2030년까지 이산화탄소 배출량을 2010년보다 25퍼센트 줄여야 하고, 2070년에는 순배출 제로(net zero), 즉 탄소 중립(carbon neutrality)에 도달해야 한다. 탄소 중립은 이산화탄소의 인위적 배출량이 인위적 흡수량과 균형을 이루는 것을 의미한다. 기온 상승을 1.5도로 제한하려면, 이산화탄소 배출량이 2030년까지 2010년 대비 45퍼센트로 감소해야 하며, 2050년에는 탄소 중립에 도달해야 한다. 신속하고 광범위하며 전례 없는 변화가 요구되는 것이다.

기온 상승을 1.5도 이내로 제한하려면 앞으로 이산화탄소 배출량을 4200억 톤 이내로 제한해야 한다. 현재 전 세계에서 배출되는 이산화탄소는 연간 약 420억 톤이다. 그러니 이 추세가 계속된다고 할 때, 불과 10년 후에는 배출할 수 있는 이산화탄소량이 완전히 소진된다. 이를 계산할 때 2018년이 이산화탄소를 줄이기 시작하는 시점이다. 그러므로 남아 있는 10년에서 2018년에서 지난 기간만큼 빼야 한다. 여전히 이산화탄소 저감을 위한 새로운 조치를 하고 있지 않기 때문에 2021년 현재 고작 7년 정도가 남아 있을 뿐이다.

기후 변화에 대응하려는 논의는 유엔에서 1989년부터 시작되었다. 그 후 전 세계의 기후 과학자들이 기후 위기가 인간 활동으로 일어난다고 모두 동의한 것은 IPCC 3차 보고서가 발간된 2001년이었다. 그때까지만 해도 시간은 우리 편이었다. 1.5도를 막기 위해 20

년 전부터 이산화탄소를 꾸준히 감소시켰다면, 매년 전년 대비 4퍼센트 정도씩만 배출량을 줄이면 되었다. 그러나 그 후 오히려 배출량은 증가되어 왔다.

우리는 과학을 무시했고, 우리 앞에 놓인 합리적인 선택을 외면했다. 지금부터 감축을 시작하면 전년에 비해 매년 15퍼센트씩은 줄여야 2050년에 탄소 중립이 실현된다. 1998년 IMF 외환 위기 당시, 우리나라는 산업 위축으로 이산화탄소 배출량이 약 15퍼센트 줄었다. 즉 기후 위기를 막으려면 전 세계가 우리나라의 IMF 시절과 비슷한 수준의 충격을 견뎌야 한다. 우리는 미끄럼 타듯 편하게 줄일 기회가 있었지만 그 기회를 다 날려 버렸다. 이젠 롤러코스터의 하강 경사면처럼 배출량을 급격하게 줄여야 한다. 이 대응조차도 하지 않으면 곧 절벽에서 떨어지는 일만 남아 있다.

지금 당장 온실 기체를 급격히 줄이지 않는다면, 우리 생애에서도 티핑 포인트를 만날 수 있게 된다. 기후 위기로 인한 파국적 상황은 우리가 염려하지 않아도 될 먼 훗날의 이야기가 아니다. 바로 우리, 우리 아이들 그리고 다음 세대 아이들은 지금 우리가 만들어 놓은 위험한 길을 가야 한다. 기후 위기보다 인류에게 더 제한을 가하는 지배적인 조건은 없다. 이것이 모든 것을 바꾸어 놓을 것이다. 기후 위기는 문명 자체의 위기이므로 해 오던 방식대로 땜질 처방만 하거나 현실에서 미래를 투사한다면 지속할 수 있는 미래로 갈 수 없다.

우리는 갈림길에 서 있다. 지금이 인류 문명의 파괴를 막을 수 있는 마지막 기회다. 우리가 이 세상을 바꾸어야 기후 위기에서 벗어나 문명을 지속할 수 있다. 이제 미래 기후는 자연이 결정하는 것이 아니라 인간이 어떤 세상을 만드느냐에 달려 있기 때문이다. 우리에게 아직 세상을 바꿀 수 있는 능력과 시간이 있다. 우리에게 부족한 것은 이 세상을 바꾸고자 하는 의지뿐이다. 선택은 우리 것이며 그 기준이 지구 가열 1.5도와 2도다.

조천호(경희 사이버 대학교 기후 변화 특임 교수)

13.
일본 거대 지진은 백두산 분화의 방아쇠일까?
화산학과 지진학의 최신 질문들

백두산이 깨어나고 있다. 2002년과 2005년 사이, 백두산의 산체가 팽창하고 화산성 지진이 빈발했다. 그때 한국의 한 연구자가 백두산이 2014년과 2015년 사이에 폭발할 것이라는 예측을 내놓아 일대 소동이 벌어졌다. 백두산은 기원후 지구 최대의 폭발을 일으켰던 화산이다. 백두산은 폼페이를 매몰한 베수비오 화산의 50배 이상의 마그마를 분출했다.

가장 큰 불안을 느낀 것은 북한 지도부였을 것이다. 북한은 중국의 비정부 기구(NGO)를 통해 백두산의 위험성을 평가할 화산 전문가의 입국을 은밀하게 타진했다. 그 NGO는 세계적 학술지 《사이언스》의 편집자 리처드 스톤(Richard Stone)에게 연락을 했다. 스톤이 가장 먼저 연락을 한 것은 영국 케임브리지 대학교의 화산학자 클라이브 오펜하이머(Clive Oppenheimer)였다.

오펜하이머는 활화산을 전문으로 하는 화산학자였다. 그에게

토끼도둑 © (주)사이언스북스.

는 남극의 활화산 에레버스 화산을 13년간 연구했던 이력이 있었다. 스톤이 오펜하이머에게 연락을 했던 것은, 오펜하이머가 남극 대륙과 같은 격리되고 폐쇄된 극한 환경 속에서도 연구를 수행하는 능력과 경험을 가졌기 때문이었다. 북한은 남극 대륙보다 폐쇄된 환경일지도 몰랐다. 백두산의 고동 소리를 듣기 위해서는 지진 전문가도 필요했다. 오펜하이머는 런던 대학교의 지진학자 제임스 해먼드(James Hammond)에게 공동 연구를 제안했다. 둘은 곧 미지의 화산 백두산에 가기로 의기투합했다. 둘이 북한에 간 것이 2011년이었다.

그들은 우선 백두산의 북한 쪽 사면에 지진계 관측망을 만들기로 했다. 그렇게 하면 백두산 지하에서 마그마가 어떻게 움직이는지 파악할 수 있을 터였다. 그러나 그들은 지진계를 반입하는 데 어려움을 겪게 된다. 북한에 대한 국제 제재 때문이었다. 이 장비들에는 군사 장비에 적용할 수 있는 기술이 포함되어 있었다. 그들은 지진계의 반입 금지가 풀릴 때까지 2년을 기다려야 했다. 우여곡절을 겪으며 결국 백두산 산록에 지진계 6대를 설치했다. 해먼드는 이렇게 회고한다. "연구의 가장 어려웠던 점은 북한에 대한 포위망을 뚫고 지진계를 북한에 반입하는 것이었다."

오펜하이머는 우선 그때까지 해결되지 않았던 정확한 백두산 분화 연대를 알아내기 위한 연구에 착수했다. 오펜하이머는 백두산 산록에서 화쇄류에 매몰된 나무 시료를 찾았다. 약 1,000년 전 백두산 대폭발이 일어났을 때 뜨거운 화쇄류에 매몰되어 새까맣게 숯이 된 낙엽송이었다. 세계 어디서나 오래된 나무에는 '탄소14 스파이크',

즉 탄소 동위 원소의 농도가 매우 높게 나타나는 나이테가 있다. 탄소14 스파이크는 초신성 폭발의 흔적인데, 그것은 774년에 일어났다. 백두산의 나무 시료에도 탄소14 스파이크에 해당하는 나이테가 확인되었다. 외피에서 172번째 나이테였다. 여기에서 이 나무가 화쇄류에 휩쓸려 매몰된 연대, 즉 백두산이 대폭발한 연대를 알아낼 수 있는데, 탄소14 스파이크(774년)로부터 172번째 되는 해이다. 바로 946년이다.

오펜하이머는 또 그린란드로 날아가 빙하의 시추 시료를 조사했다. 시추 시료 중 946년과 947년의 빙하 코어에서 화산재의 화산 유리가 나왔다. 유문암과 조면암질 화산 유리, 바로 백두산의 화산재였다. 백두산은 946년 분화를 시작하여 947년까지 활동을 계속했던 것이다. 이것으로 오랜 논쟁이었던 백두산 분화와 발해 멸망의 문제도 일단락되었다. 발해는 926년에 멸망했고 백두산은 그 20년 후인 946년에 분화했기 때문이다. 백두산 화산재를 일본에서 처음 발견했던 마치다 히로시(町田洋)가 1992년에 백두산 대폭발이 발해 멸망을 가져왔다는 가설을 제시했고, 오펜하이머의 논문이 2017년에 나왔으므로, 마치다가 낸 과제에 대해 25년 만에 답안지가 제출된 셈이다.

또 한 명의 공동 연구자 케일라 이아코비노(Kayla Iacovino)는 백두산 화산 분출물의 결정 속에 갇혀 있던 당시 대기를 분석하여, 백두산이 방출한 황의 용량을 계산했다. 그 결과 백두산은 45테라그램(Tg)의 황을 방출했다. 1테라그램은 1조 그램에 해당한다. 이것은 화산재가 태양 빛을 가려 '여름이 없는 해'를 초래했던 1815년 인도네시아 탐보라 화산의 황 방출량을 넘어서는 것이었다. 946년 백두산의 대폭발이 1815년 탐보라 화산 폭발을 제치고 기원후 지구 최대의 화산 분화였다는 것이 학술적으로 뒷받침된 것이다.

한편 해먼드는 지진파를 이용하여 백두산 지하를 들여다보았다. 지하 6킬로미터에서 액체 상태 마그마방의 존재를 확인했다. 그리고 지하 3킬로미터까지 유문암질 마그마와 조면암질 마그마가 상승했다는 것도 확인했다. 둘 다 지표로 얼굴을 내미는 순간 흐르지 않고 폭발하는 성질을 가진 마그마이다. 2002년과 2005년 사이에 백두산의 산체가 팽창하고 화산성 지진의 횟수가 갑자기 증가했던 것은 지하 6킬로미터의 마그마가 3킬로미터까지 상승했기 때문이다. 현재 백두산의 마그마는 천지 목구멍 바로 밑까지 상승해 있다.

일본의 후지 산은 현재 지하 20킬로미터에 마그마방이 존재한다. 이 마그마가 얼마만큼 빨리 올라오느냐가 화산 폭발까지 남은 시간을 결정한다. 화산학자들은 후지 산조차 남아 있는 시간이 얼마 없다고 예상한다. 그런데 백두산은 불과 지하 6킬로미터에 마그마 호수가 존재한다. 백두산은 후지 산보다 먼저 분화할 가능성이 크다.

2011년 3월 11일, 동일본 대지진이 일어났다. 이 대지진으로 일본 열도의 화산들이 잠에서 깨어나고 있다. 그런데 이 지진이 바다 건너 멀리 백두산에도 영향을 주었다는 주장이 있다. 이 주장에 따르면, 2032년까지 백두산이 분화할 확률은 99퍼센트이다. 이러한 주장을 한 사람은 일본 화산학자 다니구치 히로미쓰(谷口宏充)이다.

그의 주장은 이렇다. 백두산은 946년 대폭발 이후 지금까지 여섯 번 분화를 했는데, 모두 일본의 대지진과 관련이 있다. 백두산은

1373년, 1597년, 1702년, 1898년, 1903년, 1925년에 분화했는데(1413년, 1668년이라는 설도 있다.) 그 전후에는 늘 일본에서 규모 8 이상의 거대 지진이 발생했다. 백두산의 946년 거대 분화도 869년에 일본의 도호쿠 지방에 위치한 태평양 연안에서 발생한 규모 8.7의 지진과 관련이 있다.

일본 열도에 거대 지진이 다가오고 있다는 것은 주지의 사실이다. 그 진원 지역은 일본 열도의 태평양 연안에 길게 이어진 해구와 해곡이다. 북쪽에서부터 쿠릴-캄차카 해구, 일본 해구, 사가미 해곡, 난카이 해곡, 류큐 해구, 오키나와 해곡으로 이어진다. 일본 정부의 '공식' 발표에 따르면, 이 판들의 경계에서 규모 9 정도의 거대 지진이 매우 가까운 장래에 발생한다고 한다. 그중에서 특히 사가미 해곡은 일본의 수도인 도쿄의 바로 코앞에 놓여 있고, 1923년 간토 대지진의 진원이었다. 이 사가미 해곡은 '도쿄 직하 지진'을 유발할 수 있다.

그런데 일본의 거대 지진이 남의 일만은 아니다. 20세기 이후 세계에서 발생한 규모 9급의 대지진을 살펴보면, 대지진이 발생하면 예외 없이 화산의 분화로 이어졌다. 1952년, 캄차카 반도에서 규모 9.3의 지진이 발생했다. 그 직후 캄차카 반도의 칼핀스키 화산과 베지미아니 화산이 폭발적으로 분화했다. 1960년, 칠레에서 지구 역사상 최대 규모인 9.5의 지진이 일어났다. 그 직후 칠레의 푸예우에-코르돈 카우예 화산이 분화했다. 2004년 인도네시아 수마트라에서 규모 9.2의 지진이 일어났다. 그 직후 탈랑, 무라피, 켈루트 이렇게 인도네시아의 3개 화산이 함께 분화했다. 대지진이 일어나면 예외 없이 화산 분화로 이어졌다.

백두산은 압력이 낮고 마그마가 모여들기 쉬운 숙명을 가지고 태어난 화산이다. 백두산에서는 소규모 분화는 100년에 한 번, 대규모 분화는 1,000년에 한 번 빈도로 일어났다. 현재 946년 대분화로부터 이미 1,000년 이상이 경과했고, 백두산 지하에는 1,000년분의 마그마가 모여 있을 것이다.

2032년까지 백두산이 분화할 확률이 99퍼센트라는 다니구치의 예상이 맞다면, 우리는 10여 년 안에 백두산의 분화를 볼 것이다. 백두산은 스탠바이 상태이다. 일본의 거대 지진도 마찬가지이다. 일본 열도의 대지진이 백두산 대폭발의 방아쇠를 당길지도 모른다. 하지만 우리는 우리 발밑 지각 아래에서 일어나는 일에 대해서는 거의 모른다. 오스트레일리아의 위대한 화산학자 조지 앤서니 모건 테일러(George Anthony Morgan Taylor)는 화산학을 "신데렐라 사이언스"라고 했다. 화산학이 커다란 재해의 잿더미 속에서 진보하는 과학이기 때문이다. 신데렐라의 어원이 '재투성이'라고 하지 않는가. 일본의 거대 지진과 얽혀 백두산이 깨어나면, 엄청난 비극이 예상된다. 그러나 그것은 동시에 최고의 화산학 실험실이 가동된다는 뜻이기도 하다. 과학은 희생 없이는 시대를 넘어설 수 없는 것일까?

소원주(과학 저술가, 『백두산 대폭발의 비밀』 저자)

14.
소행성은 죽음의 사신인가, 생명의 천사인가? 근지구 천체 연구의 최전선

생명은 언제, 어떻게 시작됐을까? 검붉은 용암이 팥죽처럼 끓어오르고 매캐한 냄새가 코를 찌른 저 까마득한 과거. 그때 지구를 융단 폭격했던 천체가 그 끔찍한 불지옥 같은 곳에 생명의 씨앗을 뿌렸을까? 과학자들은 지난 수십 년간 소행성, 혜성 같은 소천체들이 지구에 심대한 영향을 끼쳤었다는 증거들을 하나씩 들춰 냈다. 미국 남서 연구소(Southwest Research Institute, SwRI)의 해럴드 레비슨(Harold F. Levison) 박사는 소천체 연구로 그 지식의 틈새를 채울 수 있다고 단언한다.

"바닥에 쓰러져 누운 피해자보다, 벽에 남은 혈흔이 그가 겪은 사건의 진상을 규명하는 데 훨씬 귀중한 단서가 될 수 있습니다."

그의 말을 곱씹어 보면 참 적절한 비유구나 하는 생각이 든다. 지구 같은 태양계 행성들은 소천체들이 충돌과 파괴, 합체 과정을 거쳐 만들어진 뒤, 시간이 지나 모든 것이 녹아 뒤섞이고 오염돼 원재료는 그 흔적조차 찾기 어렵게 됐다. 한편 소천체들은 행성들을 만들고 남은 찌꺼기로, 장구한 시간이 흘렀음에도 비바람과 화산, 생태계의 변화를 겪지 않아 시원의 기억을 그대로 간직하고 있다.

70억 년 전

지난 2019년 말, NASA는 운석에서 당 성분을 검출했다고 공식 발표했다. 연구팀은 '머치슨'과 'NWA 801'이라는 운석에서 아라비노스와 자일로스, 리보스를 찾았다. 리보스는 우리 몸에서 감초격이다. RNA의 구성 성분 중 하나로 유전 정보를 전달하고 단백질 제조에 핵심 역할을 맡기 때문이다. 이 운석 2개는 각각 70억 년 전과 45억 년 전에 태어났다. 저 아득한 과거의 산물에 그처럼 손상되기 쉬운 분자들이 남은 것은 놀라울 따름이다. 과거 운석에서 아미노산이 발견된 적은 있었지만, 유전 물질의 일부가 검출된 것은 처음이기 때문이다. 이 결과는 RNA가 DNA보다 먼저 진화해 초기의 생명은 RNA로 자기 복제했으며, 소천체들이 생명 탄생에 기여했을 거라는 가설을 뒷받침하는 훌륭한 증거가 됐다.

40억 년 전

그러면 소행성과 혜성이 지구의 풍경을 어떻게 바꿔 놓았는지 확인해 볼 필요가 있다. 40억 년 전, 지구 대기는 이산화탄소와 질소로 가득 찼었다. 2020년 《네이처》에는 그때 일어난 사건을 재구성한 논문이 실렸다. 연구자들은 실험 장치로 이산화탄소와 질소가 주성분인 40억 년 전의 지구 대기와 바다를 재현해 냈으며, 실험 장치에서 철과 니켈로 만든 탄환(금속질 소행성)을 쏘자 마침내 글리신과 알라닌 같은 아미노산이 생성된다는 것을 확인했다. 그렇다면 소행성들이 정말로 그 먼 과거, 물질에 생명을 불어넣은, 그 방아쇠를 당긴 것일까?

4억 6600만 년 전

때는 고생대 오르도비스기, 공룡들이 멸종하기 4억 년 전이다. 지구 생물들은 대부분 바다에 살았고 척추동물이 출현하려면 한참을 더 기다려야 했다. 이때 지구 역사상 중요한 사건 하나가 터진다. 오르도비스기 초반과 중반에 지구는 기온과 습도가 적당했지만, 그 시기가 끝날 무렵 갑작스러운 변화가 불어닥친다. 대체 무슨 영문이었을까? 지구는 급속도로 냉각돼 빙하기를 맞았고 해양 생물의 85퍼센트가 돌연 자취를 감춘다. 그 단초는 소행성대에 있었다. 이 지역에서는 늘 크고 작은 충돌이 빈번했다. 마침내 과학자들은 그 증거를 발굴해 냈다. 스웨덴의 키네쿨레 지역과 러시아의 상트페테르부르크 부근에서 발견된 130여 개의 운석에 단서가 남았는데 그것은 소행성 파편(운석)들이 해저 퇴적암에 묻혀 화석화된 드문 예였다. 운석은 화석에 박제된 채 발굴됐고, 깨어진 직후에 지구로 떨어진 것이 분명했다. 소행성이 산산조각나 뿌려진 먼지 입자는 태양풍을 타고 지구로 유입돼

햇빛과 열기를 차단했고 해수면이 눈에 띄게 내려갔으며, 고위도 지역에서는 대륙의 빙하가 세력을 키웠다. 이러한 증거는 '혈흔'처럼 화석 속에 선명하게 남았으며, 과학자들이 분석한 연구 결과는 2019년 《사이언스 어드밴시스(*Science Advances*)》에 자세히 소개됐다.

6600만 년 전

6600만 년 전, 거대한 소행성 하나가 총알의 24배 속도로 지구를 강타했다. 이윽고 몇 시간 만에 초음속 충격파가 고목들을 쓰러뜨렸고 열 폭풍은 숲을 모조리 불태웠다. 이때 지진파는 쓰나미를 일으켜 200미터 넘는 거대한 물의 장벽이 내륙으로 밀어닥쳤으며, 밀려온 바닷물은 미시시피 강 하구에서 300킬로미터 안쪽까지 범람했다. 이 소행성은 지각을 뚫어 맨틀을 후벼 팠고 솟구친 먼지와 화산재가 광합성을 멈춰 세웠으며, 먹이 사슬이 끊겨 종의 3분의 2가 종말을 맞는다. 당시 충돌구가 패인 지역을 멕시코 만이라 부르는데, 이곳에서는 단 하나의 개체도 살아남지 못했다. 멸종의 상징적인 피해자는 공룡이었지만, 반대로 수혜자도 있었다. 이러한 참극에도 수십 년 뒤에 멕시코 만은 또다시 생명으로 넘실댄다. 그 주인공은 마이크로 박테리아라는 세균이다. 곧이어 화산재와 먼지가 걷혀 햇볕이 들었고 바다에서는 식물성 플랑크톤이 번성해 산소를 뿜어댔다. 세균이 산소와 풍부한 양분을 공급한 덕에 이전 세상과는 다른 생태계가 모습을 갖춰 갔다.

그 와중에 주먹만 한 조그만 포유류들도 용케도 살아남았다. 그 일족은 진화를 거듭해 마침내 현생 인류가 된다. 세월이 흐른 뒤, 기계로 무장한 인류는 멕시코 만 한복판에 거대한 시추공을 뚫어 수천만 년 전 소행성이 남긴 그 '혈흔'을 찾아낸다.

2014년 진주 운석

지난 2014년 3월 9일 저녁, 한국 전역에서 화구를 목격했다는 제보가 쏟아졌다. 이 유성체는 수도권 120킬로미터 상공에 진입해 대전 인근 85킬로미터 높이에서 빛을 발하기 시작했다. 그러다가 경상남도 산청 25킬로미터 상공에서 폭발한 뒤 진주에 떨어진 것으로 보인다. 분석 결과, 그 모체는 소행성대를 공전하다 궤도를 벗어난 근지구 천체(near earth object, NEO)로 밝혀졌다.

지구 주변을 돌던 소행성과 혜성 조각은 대기권에서 떨어지며 불타 없어지는데, 이중 금성보다 밝은 것을 화구라고 한다. NASA 사이트에는 지난 1988년 4월부터 2021년 3월까지 기록된 화구 861건이 공개돼 있으며, 이 가운데 0.1킬로톤(kT)보다 큰 폭발은 696건, 1킬로톤보다 큰 것은 95건, 10킬로톤보다 큰 것은 13건, 100킬로톤보다 큰 사건은 2건 검색된다. 이게 무슨 뜻일까? 제2차 세계 대전 당시에 일본에 떨어뜨린 히로시마와 나가사키 원폭의 폭발력을 TNT로 환산하면 각각 15킬로톤, 21킬로톤에 해당한다. 이 NASA 자료를 보면 지난 33년 동안 지구에 떨어진 소행성이나 혜성 조각 중에 히로시

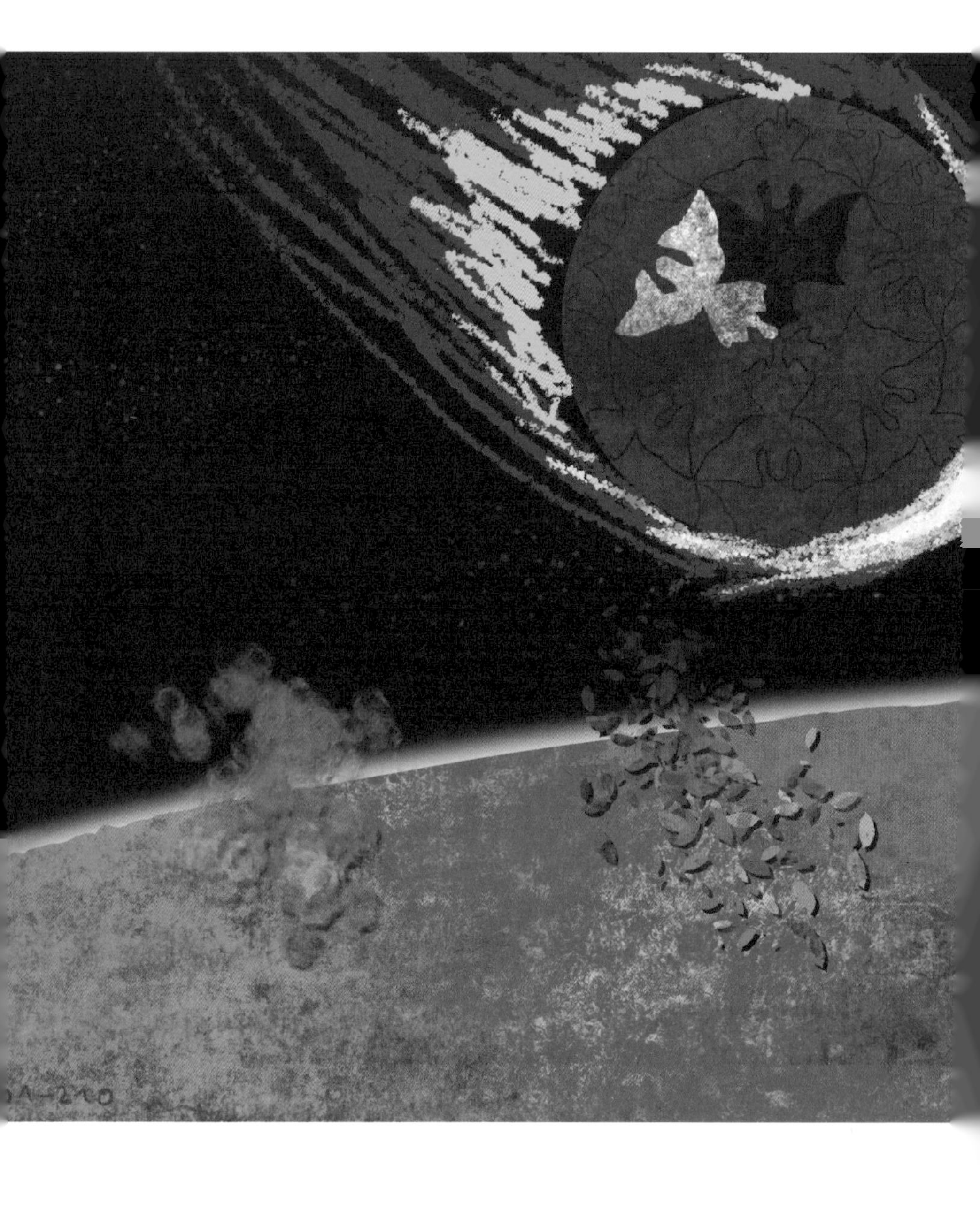

이미영 © (주)사이언스북스.

마 원폭보다 강력한 에너지를 방출한 것만 7개를 꼽는다. 이 천체들은 대체로 고공(약 30킬로미터 상공)에서 폭발해 비교적 안전하지만, 원폭처럼 바로 우리 위에서 터진다면?

그런가 하면 2012년, 한국의 외교부는 10킬로톤급 핵 테러의 피해를 예측한 보고서를 공개했다. 서울의 여의도 한복판에서 핵 테러가 일어나는 경우 26만 명이 사망하는 동시에, 경제적 피해는 1575조 원에 달하고, 똑같은 사건이 부산항에서 일어난다면 4만 6000명이 사망하며 경제적으로는 723조 원의 피해를 볼 것으로 평가됐다. 논문 자료로 미루어 판단하면 진주 운석의 모체는 1미터보다 작은 천체인데다 폭발력도 0.1킬로톤에 못 미쳤던 것 같다.

2013년 첼랴빈스크 운석

한국에 진주 운석이 떨어지기 1년 전인 2013년 2월, 첼랴빈스크를 포함한 러시아와 카자흐스탄 8개 지역에서 폭발 화구가 목격됐다. 이 화구는 일시적으로 태양보다 밝았으며, 목격자 중 일부는 후끈후끈한 열기를 느꼈다고 증언했다. 당시에 충격파는 1만 5000킬로미터 떨어진 남극에서 검출될 정도였다. 첼랴빈스크를 포함해 운석이 지나간 6개의 도시에서는 건물 7,200채가 파손됐는데, 대부분은 창문이 와장창 깨지는 수준이었다. 깨진 유리와 다른 2차 피해로 상처를 입은 1,491명의 시민들은 병원에서 치료를 받아야만 했다. 모체는 20미터급 근지구 천체로 판명됐으며, 폭발 에너지는 400~500킬로톤, 히로시마 원폭의 26~33배에 달했다. 하늘이 도왔을까? 이 소행성은 30킬로미터 상공에서 폭발한 뒤, 다행히 도심 70킬로미터 밖 호수에 떨어져 피해가 적었다. 게다가 80킬로미터 거리에 6기의 원자로와 핵폐기물 시설이 있었지만, 용케도 잘 비껴갔다. 마침 예산 부족으로 거의 3년 동안이나 동면 상태에 들어갔던 NASA의 니어와이스(NEOWISE) 적외선 우주 망원경은 이 사건 직후, 근지구 천체들을 찾기 위한 연장 임무에 투입됐으며, 유엔의 평화적 우주 이용 위원회(Committee on the Peaceful Uses of Outer Space, COPUOS)에서 이뤄지는, 근지구 천체의 위협에 대비한 움직임은 탄력을 받게 됐다.

2029년 암흑을 지배하는 뱀의 사신

유엔 COPUOS에서 주목하는 사건이 또 하나 있다. 오는 2029년 4월 13일 금요일, 에펠탑만 한 근지구 천체가 정지 위성보다 낮은 3만 1600킬로미터 상공을 통과한다. 지구 최접근 시각은 14일 06시 46분, 한국은 토요일 아침이다. 이 소행성에는 암흑을 지배하는 뱀의 사신, 즉 '아포피스(Apophis)'라는 끔찍한 이름이 붙었다. 발견 직후, 그 이름에 걸맞게 충돌 확률이 2.7퍼센트까지 치솟았는데, 초기 관측 자료만으로는 궤도 오차가 컸기 때문이다. 하지만 그 후에 세계 곳곳의 천문대에서 아포피스를 집중 추적해 재계산한 결과, 그 충돌 확률은 0으로 뚝 떨어졌다. 천문학자들은 2029년 아포피스가 '지구의 뺨을 스쳐 지나가면서' 궤도가 바뀔 것으로 예측한다. 아포피스의 궤도는 현재, 지구 궤도와 만나지만, 궤도 대부분이 지구 궤도 안쪽에 들어가 있는 아텐(Aten) 그룹 소행성인데, 2029년 4월 중순 이후에는 전혀 달라진다. 즉 지구 궤도와 만나지만 궤도의 대부분이, 지구 궤도 바깥으로 나가 있는 아폴로(Apollo) 그룹 소행성으로 바뀐다.

동시에 소행성의 양쪽 끝에서 느끼는 중력의 차이인 조석력이 생긴다. 그 결과, 지구 최접근을 전후해 자전축이 틀어지고 회전 상태가 변할 가능성이 점쳐진다. 더 흥미를 끄는 것은, 조석력으로 소행성 표면에서 사태가 일어나 지형이 들썩이는 한편, 지구 주변 공간에 돌과 흙먼지를 뿌릴 수 있다는 것. 그래서 미국과 유럽, 대만 등에서는 때맞춰 직접 탐사를 계획하고 있으며, 한국 천문 연구원도 탐사 임무를 위한 준비에 착수했다. 현재의 계획으로는 2028년 중반 아포피스 전용 탐사선을 발사해 아포피스가 지구와 접근하기 전(before)과, 접근하는 동안(during), 멀어진 뒤까지(after) 근접 비행(rendezvous)하면서 궤도와 회전 상태, 그리고 표면 지형에 어떤 변화가 일어나는지 확인하려고 한다. 혹시 모를 미래의 위협에 대비하기 위한 선제적 조치다.

극소의 확률에 대비한다!

유엔은 1999년, 근지구 천체의 충돌 위협의 실체를 인정하는 데 이어, 앞서 말한 근지구 천체의 위협에 대비해 마침내 2014년에 국제 소행성 경보 네트워크(International Asteroid Warning Network, IAWN)라는 가상 네트워크와 우주 임무 기획 자문 그룹(Space Mission

Planning Advisory Group, SMPAG)이라는 실무 그룹을 승인해 이에 대한 대책을 마련하고 있다. IAWN과 SMPAG에 참여하는 유엔 회원국은 협력과 경쟁을 바탕으로 근지구 천체를 추적 감시하며, 한 곳에서 모든 자료를 수집하고 계산, 배포한다. IAWN 의장 기관인 NASA에 따르면 현재까지 알려진 NEO 중에 킬로미터급 천체(전 지구적 위협)는 99퍼센트, 300미터~1킬로미터급 천체(대륙 초토화)는 64퍼센트, 100~300미터급 천체(국지적 피해)는 16퍼센트가 목록화됐다고 평가하고 있다.

그러나 현재는 첼랴빈스크와 퉁구스카 충돌체에 해당하는 10~100미터급 천체(작은 국가 혹은 도시 파괴)에 대해서는 거의 아는 게 없다는 게 문제다. 더구나 크기, 성분, 형태 같은 정보가 확보된 것은 전체 목록의 1퍼센트에도 못 미친다. 2009년 미국 의회는 이러한 상황을 타개하기 위해 2020년까지 140미터보다 큰 근지구 천체의 90퍼센트를 검출하겠다는 대담한 목표를 세웠다. 그러나 이러한 책임을 맡고 있은 NASA 행성 방위 협력 연구실(Planetary Defense Coordination Office, PDCO)의 린들리 존슨(Lindley Johnson) 실장은 지금대로라면 앞으로 30년 지나야 달성할 수 있는 목표라고 말한다.

근지구 천체에 의한 충돌 재난은 '극소의 확률과 극대화될 피해'라는 말로 요약된다. 충돌 재난은 지진과 태풍, 화산 폭발과 달리 미리, 예측하고 피해를 계산할 수 있으며, 사전에 대비할 수 있는 유일한 자연 재난이다. 그렇다! 저 칠흑 같은 암흑 속에서 지구를 스칠 듯 말 듯 지나가는, 그 숫자조차 파악되지 않은 저들이 미래 어느 날,

죽음의 사신처럼 우리의 숨통을 조여올지, 아니면 풍요와 번성을 가져다주는 생명의 천사가 될지, 그 해답은 온전히 지금, 우리의 선택에 달렸다.

문홍규(한국 천문 연구원 책임 연구원)

4부

과학의 끝

15.
새로운 통섭은 어떻게 가능한가?
통섭의 최전선

까놓고 말하자. 예술이나 인문학을 하는 사람이 굳이 과학까지 알아야 하나? 셰익스피어의 비극 「오셀로」를 분석한다고 하자. 16세기 베니스의 백인 사회에서 행해진 인종 차별 그리고 가부장제 문화에서 남성의 여성 억압을 짚어 내면 분석하는 데 얼추 넉넉할 성싶다. 문학 비평가가 뇌 과학이나 네트워크 과학, 진화 심리학을 속성으로 공부한들 도대체 뭐가 달라질까?

일리 있는 말이다. 인문학은 텍스트를 정교하게 독해하고 어떤 현상이 일어난 사회적 맥락을 포착하는 고유의 방법론으로 지금껏 잘해 왔다. 그러나 인문학자들이 개별 대상을 파고들 때 보여 주는 극도의 엄밀함이 그 연구를 다른 모든 학문의 관계망에서 폭넓게 자리 잡으려고 할 때는 갑자기 시들해짐을 부인하기는 어렵다. 왜 베니스의 오셀로건 신라의 처용이건 남성들은 배우자의 정서적 부정보다 육체적 부정에 더 흔들릴까? 나이 차이가 크게 나는 부부 사이에서 살인

이 훨씬 더 자주 일어난다는 현대 미국과 캐나다의 범죄 기록은 「오셀로」를 분석하는 데 아무 도움도 되지 못할까?

1998년에 사회 생물학자 에드워드 윌슨(Edward O. Wilson)은 『통섭(*Consilience*)』에서 예술, 종교, 인문학, 사회 과학, 자연 과학 등 학문의 큰 가지들이 하나의 일관된 설명 틀에서 통합되어야 함을 주장했다. 국내외를 막론하고 많은 인문학자가 분노를 터뜨렸다. "흥, 통섭은 과학이 인문학의 무릎을 꿇리려는 일방적인 폭거일 뿐이야!" 그 후 통섭은 어떻게 되었을까?

통섭의 두 번째 물결이 오고 있다. 이를 주도하는 중국학 학자인 에드워드 슬링거랜드(Edward Slingerland)는 새로운 흐름이 기존의 통섭 기획을 계승하면서 몇몇 한계를 바로잡고 신선한 이정표를 제시한다는 의미에서 '두 번째 물결'이라는 이름을 붙였다. 하지만 이 흐름이 원래의 지향을 고스란히 물려받았음을 고려하면 '통섭 버전 1.1' 정도가 더 나은 이름일지 모른다고 말한다. 어쨌거나 통섭의 2차 물결, 혹은 1.1차 물결을 살펴보자.

통섭을 처음 주창한 선구자들은 통섭이 자연 현상이나 동식물을 설명하는 틀을 그대로 가져와서 인간의 의미와 가치를 밝혀내는 작업이라고 종종 이야기했다. 1975년에 윌슨은 『사회 생물학(*Sociobiology*)』에서 이렇게 썼다. "외계 행성에서 온 동물학자의 눈으로 보면, 인문학과 사회 과학은 생물학에 속하는 전문 분야들로 축소된다. 역사나 전기, 소설은 인간 행태학의 관찰 사례 보고서가 되고, 인류학과 사회학은 모두 영장류의 한 종에 대한 사회 생물학이 된다."

이런 말에 발끈하지 않는 인문학자가 과연 있을까?

통섭의 두 번째 물결은 통섭에 대한 이런 식의 접근은 도움이 되지 않을 뿐만 아니라 틀렸다고 본다. 과학이 인문학을 집어삼키는 미래를 불필요하게 연상시키므로, 이런 접근은 도움이 되지 않는다. 자연 현상과 동식물을 설명하는 틀만으로는 인문학의 여러 문제를 온전히 다 해결할 수는 없으므로, 이런 접근은 틀렸다. 즉 통섭은 인문학의 다양한 주제를 탐구하는 새로운 틀을 인문학자들과 과학자들이 동등한 파트너로서 함께 만들어 가는 작업으로 이해되어야 한다. 통섭은 일방향 도로가 아니라 쌍방향 도로다. 과학과 인문학이 활발히 교류하며 머리를 맞댄다.

여기서 통섭을 외친 선구자들을 만만한 허수아비로 만들고 실컷 두들겨 패는 오류를 저지르지 않도록 하자. 윌슨을 포함하여 그 어떤 과학자들도 "통섭은 과학이 인문학을 정복하는 건가요?"라고 물으면 펄쩍 뛰며 손사래를 친다. 심지어 윌슨은 『인간 존재의 의미(*The Meaning of Human Existence*)』(2014년)에서 가상의 외계 방문자가 지구인으로부터 배울 만한 가치가 있다고 여길 것은 과학이 아니라 인문학이라고 말하기도 했다. (그런데 왜 이리 외계인 방문을 좋아하실까?) 찰스 스노(Charles P. Snow) 경이 『두 문화(*The Two Cultures*)』(1959년)에서 자연 과학과 인문학 사이의 심각한 괴리를 한탄한 이래, 줄곧 과학자들은 인문학도 자연 과학처럼 누적적인 진보를 이루면서 발전하기를 소망하고 응원했을 따름이다. 남의 일로 치부하기에는, 인문학이 너무나 중요한 주제를 탐구하기 때문이다.

자칫하면 통섭의 두 번째 물결은 좋은 게 좋다는 식의 어정쩡한 화합을 추구한다고 오해할지 모른다. 절대 그렇지 않다. 몇 번째 물결이건 간에, 모든 연구자가 동의하는 통섭 개념의 교집합은 학문 간의 상호 합치다. 즉 각각의 학문 분야가 내놓는 설명들이 서로 모순되지 않고 잘 맞아떨어져야 한다는 것이다. 어찌 보면 이는 지극히 당연하고 상식적인 요구다. 생명체 안에서 일어나는 광합성이 열역학 법칙을 거스른다면 이만저만한 문제가 아닐 것이다.

안타깝게도, 많은 인문학자가 인간의 의미, 목적, 그리고 문화는 자연적 인과 관계와 멀찍이 떨어져 있다고 믿는다. 의미와 가치는 자연 법칙과 무관한 초월적인 영역에 속한다는 것이다. 이 명제는 자연 과학의 전 분야가 내놓는 설명들과 어긋난다. 하지만 상당수 인문학자는 이러한 불협화음을 별로 신경 쓰지 않는다.

의미와 가치는 물리 세계의 작용으로부터 나온다. 어떤 현상은 그보다 한 단계 낮은 수준에서 작동하는 원리가 어떻게 그 현상을 만드는지 밝혀냈을 때 비로소 설명된다. 설명에 동원된 원리는 더 낮은 수준의 원리로 차례차례 계속 설명된다. 코로나19 유행을 설명하고자 할 때 "원래 역병은 다 그래." 혹은 "신의 징벌이야."라고 답한다면 진정한 설명이 아니다. 왜 역병은 그렇게 퍼지는지, 왜 신이 그런 벌을 내렸는지 더는 설명해 주지 않기 때문이다.

많은 사람이 이쯤에서 과학에 중대한 범죄 혐의를 덧씌우고 싶어 한다. 맞다. 환원주의다. 흔히 환원주의는 복잡한 대상을 무조건 가장 낮은 수준까지 파고 내려가서 설명하려는 몰상식한 태도로 여겨진다. 이러한 '나쁜' 환원주의를 떠받드는 과학자는 어디에도 없다. 무엇보다도, 어떤 현상을 그보다 한 단계 낮은 수준의 원리로 설명하는 작업은 그 현상의 다채롭고 풍부한 결을 내다 버리는 짓이 아니다.

한국 전쟁은 원자들의 충돌이지만, 누구도 한국 전쟁을 입자 물리학으로 설명하지는 않는다. 한국 전쟁은 김일성의 남침 의지와 냉전 시기의 국제 정서로 잘 설명된다. 그렇기는 해도, 김일성을 비롯한 전쟁을 일으킨 지도자들이 왜 자신이 결국 이기리라는 과도한 확신에 빠지는가에 대한 진화 심리학적 설명은 한국 전쟁을 더 풍부하게 이해하는 데 도움이 될 것이다.

새로운 통섭을 옹호하는 인지 과학자 스티븐 핑커(Steven Pinker)는 『지금 다시 계몽(*Enlightenment Now*)』(2018년)에서 과학과 인문학의 통섭은 양자 모두에게 '윈윈'이 됨을 강조했다. 예술, 사회 그리고 문화는 인간 두뇌의 산물이다. 이들은 외부 세계를 느끼고 지각하고 생각하는 각 개인의 심적 능력에서 솟아나서 사람들끼리 서로 아이디어를 주고받는 전파 과정을 통해 여문다. 현대 과학이 인간 본성에 대해 지금껏 쌓아 올린 빛나는 연구 성과들이 종교, 예술, 정치, 도덕, 역사, 문학, 법, 경영 등을 이해하는 데 아무런 쓸모가 없다면 그것이야말로 놀라운 일이 아닐까?

인문학자들은 개별 대상에 대한 연구를 더 폭넓고 더 강력한 설명 틀 안에 자리 잡게 할 것이다. 그뿐만 아니라, 미지의 사실을 예측하고 이를 관찰과 실험으로 하나씩 확인해 가는 모습은 야망 넘치는 많은 젊은이를 인문학의 후속 세대로 끌어들일 수 있을 것이다.

과학자들은 일반 이론을 '말을 할 줄 아는 동물'을 통해 검증할 기회를 충분히 얻게 될 것이다. 인문학에서 지금껏 축적된 방대한 문헌 기록, 역사적 '실험' 사례, 실제 인간 사회에 대한 연구 조사 등을 통해 과학자들은 모든 생물 종을 아우르는 통합 이론으로 점차 나아갈 수 있을 것이다.

몇몇 인문학자들은 과학자들이 예술이나 문학과 같은 인문학의 전통적인 영역에 통섭적으로 접근하는 최근의 시도들이 지나치게 단순하거나 깊이가 얕다고 불만을 토로한다. 당연히 그럴 것이다. 하지만 바로 그 때문에 어떤 장르에 대한 인문학자들의 전문 지식을 과학자들의 실증적 연구 방식과 결합할 필요성이 더욱더 절실히 요청된다고 핑커는 역설한다.

좋은 발상은 어디에서나 나올 수 있다. 발상이 얼마나 좋은지가 중요할 뿐이다. 발상을 낸 사람이 어느 편인지는 중요하지 않다. 통섭의 두 번째 물결은 과학자와 인문학자가 서로를 존중하면서 인간의 의미, 가치 그리고 문화를 온전히 밝혀내기 위해 활발히 소통하고 협력할 것을 요구한다. 통섭은 쌍방향 도로다. 혹은 터널 공사다. 과학과 인문학이 산의 양쪽 끝에서 각자 터널을 파고 들어가서 중간 지점에서 행복하게 만난다.

전중환(경희 대학교 후마니타스 칼리지 교수)

16.
물리학은 어디까지 설명할 수 있을까? 통계 물리학의 최전선

물리학이라는 상당히 큰 학문 분야 안에는 여러 연구 분야가 있다. 통계 물리학도 그중 하나다. 천체 물리학자는 천체를, 입자 물리학자는 입자를, 반도체 물리학자는 반도체를 연구하지만, 통계 물리학자는 통계를 연구하지 않는다. 통계를 연구의 방법으로 이용한다. 통계 물리학은 연구의 대상이 아닌 방법이 이름에 있어 독특한, 물리학의 한 세부 분야다.

우리가 어떨 때 통계를 이용하는지 생각해 보자. 초등학교 때 배우는 막대 그래프도 통계의 한 표현 방식이다. 같은 반 친구들 모두의 키가 어떤 방식으로 분포하는지 궁금할 때, 통계를 이용해 막대 그래프를 그리면 한눈에 전체를 파악할 수 있다. 가장 키가 큰 학생의 키는 얼마인지, 키가 중간 정도인 학생의 키는 어느 정도인지, 막대 그래프에서 한눈에 볼 수 있다. 특정한 학생 한 명의 키가 궁금하면 자를 대고 숫자를 읽으면 된다. 이렇게 잰 딱 하나의 키를 굳이 막대 그래프로 그리는 사람은 아무도 없다. 우리는 하나가 아닌 여럿이 궁금할 때 통계를 이용한다. 통계 물리학도 마찬가지다. 많은 입자가 모여 이루어진 커다란 물리 시스템(system, 系)이 통계 물리학의 전통적인 연구 대상이다.

망치를 들고 있으면 모든 것이 못으로 보인다는 말이 있다. 통계라는 방법론의 망치를 손에 든 통계 물리학자는, 어떤 것이든 많이 모여 있어 통계로 이해할 수 있는 문제라면 재미있어 한다. 모여 있는 것이 물리학의 입자든, 사람이든, 아니면 데이터든 말이다. 통계 물리학 교과서는 많은 '입자'로 이루어진 물리계를 다루지만, 통계 물리학 연구자들은 많은 '사람'으로 이루어진 사회라는 시스템에도 흥미를 느낀다. 세상에는 못이 아닌 것이 훨씬 더 많고, 못이 보인다고 매번 망치가 효과적인 도구라는 보장도 없다. 통계 물리학자는 복잡다단한 사회에서 일어나는 현상의 극히 일부를 물리학의 정량적인 방법으로 이해할 수 있다고 믿을 뿐이다.

사회 현상을 통계 물리학자가 연구한다고 해서, 사회학이 되는 것은 아니다. 통계 물리학자는 사회 현상에 대한 연구도 물리학자처럼 한다. 물리학의 방법을 이용해 사회 현상을 이해하려는 연구 분야의 이름이 바로 사회 물리학이다. 통계 물리학과는 달리 사회 물리학에서 '사회'는 연구의 방법이 아닌 대상이다. 사회 물리학은 통계 물리학의 방법을 적용해 사회 현상을 이해하려는 시도에 붙여진 이름이라 할 수 있다. 사회 물리학이라는 분야가 아직 학문의 생태계에 자리잡은 것이 아니다 보니, 사회 물리학자라는 표현은 여전히 낯설게 들린다. 필자는 사회 현상에 관심을 가진 통계 물리학자다. 필자뿐 아니다. 통계 물리학자 중에는 사회 현상의 연구에 관심을 가진 이가 국내외에 상당히 많다.

모든 과학은 나름의 방식으로 진행되는 지도 제작이라는 비유를 재밌게 들은 기억이 난다. 과학자는 세상을 묘사하는 지도를 만드는 사람이라는 뜻이다. 『이상한 나라의 앨리스(*Alice's Adventures in Wonderland*)』(1865년)로 유명한 작가 루이스 캐럴(Lewis Carroll)의 소설 『실비와 브루노(*Sylvie and Bruno*)』(1889년)에 재밌는 대화가 등장한다. 외계 행성에서 온 사람이 자신들의 지도 제작 기술을 자랑한다. 처음에는 현실의 1킬로미터를 10센티미터의 축척으로 줄인 지도를 제작하다, 다음에는 1킬로미터를 5미터로, 이어서 100미터의 축척으로 점점 자세한 지도를 만들어 나갔다고 한다. 이 외계 행성 사람들은 결국 놀라운 발상을 하게 된다. 바로, 현실의 1킬로미터를 지도 위에 1킬로미터로 표현한 지도다. 놀라운 지도 제작 기술 자랑을 들은 소설 속 화자가 지도의 유용성에 대해 묻자, 외계에서 온 사람은 그 지도를 펼친 적이 단 한 번도 없다고 답한다. 지도를 펼치면 세상과 같은 크기가 되므로 펼치기 어려울 뿐 아니라, 지도와 정확히 같은 현실을 그냥 지도로 이용하면 되니 그 지도를 쓸 필요가 없었다는 얘기다.

현실과 정확히 같은 지도는 무용지물이다. 현실에 존재하는 것 중 중요한 것만을 모아 지도를 만들 듯, 모든 과학은 복잡한 현실을 바라보는, 시력이 좋지 않아 대충 보는 시선이다. 과학이 복잡해 어렵다고들 하지만, 현실은 과학보다 수천, 수만 배 더 복잡하다. 복잡한

현실을 그나마 단순하게 이해하는 것이 과학이다. 맛집 지도는 맛집을 찾을 때, 지하철 노선도는 지하철을 이용할 때 쓴다. 같은 현실이라도 무엇을 이해하고자 하는지에 따라 과학의 여러 분야는 각각 나름의 지도를 그리는 셈이다. 맛집 지도와 지하철 노선도처럼 서로 다른 지도를 놓고 하나의 잣대로 옳고 그름을 판단하고 우열을 이야기할 수 없다는 것도 중요하다. 통계 물리학도 현실 사회를 표현하는 나름의 독특한 지도를 그린다.

통계 물리학은 사회를 이루는 사람을 어떻게 기술할까? 전통적인 사회 과학 분야와의 차이는 무얼까? 가장 큰 차이는 사회를 구성하는 사람을 극히 단순한 존재로 기술한다는 점이다. 구성 요소 하나를 현실에서 살아가는 구체적인 사람처럼 복잡하게 기술하면, 이들이 모여 만들어 내는 사회 현상을 이해하기 어렵다는 현실적인 어려움 때문이다. 다른 이유도 있다. 미시적인 요소가 달라도 전체의 통계적 패턴은 강건하게 유지되는 통계 물리학의 보편성(universality)이 구성 요소의 단순화에 대한 근거가 되기도 한다. 나무 하나는 대충 보는 것이, 여럿이 모인 숲을 거시적으로 이해하기에는 더 나은 방법일 수 있다. 고전 경제학자가 그리는 사람은 무한한 지성을 가진 존재다. 그러나 물리학자가 그리는 사람은 지성이 거의 없다시피 하다. 주어진 정보를 이용해 단순한 규칙에 따라 다음 행동을 결정하는 존재지만, 행동의 결과에 맞춰 스스로의 행동을 다음에 적응적으로 변화시키는 존재다. 이렇게 단순한 존재로 기술되는 사람들이라도, 여럿이 모여 서로 관계를 맺고 상호 작용하면 전체는 놀랍고 흥미로운 거시적인 특성을 드러낼 때가 많다. 통계 물리학은 단순한 여러 개인이 복잡한 상호 작용을 통해 만들어 내는 전체의 패턴이 어떠한 메커니즘으로 드러나는지를 규명하고자 한다.

과학의 최전선은 정말 넓고, 각각의 개별 과학은 이미 알고 있는 것과 아직 모르는 것을 나누는 나름의 최전선에서 연구를 진행한다. 통계 물리학을 이용해 사회 현상을 이해하려는 시도에도 물론 최전선이 있지만, 사회가 복잡하듯 최전선도 복잡해 연구자 다수가 지금 꼭 알아내고자 애쓰는 공통의 중심 주제가 있는 것은 아니다. 필자가 사회 물리학의 최전선이 대강 어떤 모습인지 소개하기 어려운 이유다. 물론 당시의 사회 관심을 반영한 연구는 더 큰 주목을 받는다. 세계적 금융 위기 이후에는 연결망의 형태로 서로 연결된 경제 주체에서 어떻게 금융 위기가 파급되는지(이를 시스템 위기라고 부른다.)에 대한 연구가 관심을 끌었고, 2020년 이후에는 아니나 다를까 감염병의 확산을 연구하는 통계 물리학자가 많아졌다. 이런 연구로 앞으로 47일 뒤의 확진자 수를 정확히 예측할 수 있게 되는 것은 아니다. 하지만 확산의 메커니즘을 적절한 이론 모형으로 규명할 수 있다면, 다양한 방역 방식의 효과를 비교해 볼 수 있다는 점에서 큰 유용성을 가질 수 있다고 믿는다.

통계 물리학 분야의 사회 현상 연구의 최전선을 넓게 조망할 만한 위치에 있다고 하기 어려운 필자가 그래도 할 수 있는 이야기가 있다. 최근 들어 급격히 다량으로 생산되어 공개되고 있는 다양한 현실 데이터가 앞으로 사회 현상의 연구에 더 폭넓게 이용되리라는 전망이 바로 그것이다. 기존 연구의 한계를 빅 데이터에 기반한 연구를 통해 극복할 수 있으리라. 통계적인 예측은 데이터가 많아지면 점점 더 정확해지기 때문이다. 개인 정보 유출의 위험이 제거된 다양한 데이터에 기반해 현실에 직접적인 도움을 줄 수 있는 연구가 늘어날 것이 분명하다.

물리학으로 사회를 설명할 수 있을까? 필자의 대답은 "예, 아니요." 둘 다다. 앞으로 물리학이 사회 현상의 이해에 점점 더 도움이 될 것은 분명하지만, 물리학으로 사회 현상의 대부분을 설명할 수 있는 미래는 영원히 오지 않을 것이다. 사회를 이루어 살아가는 우리 한 사람 한 사람은 숫자 하나로 정량적으로 대변될 수 없다는 것이 가장 큰 이유다. 물리학은 사회 현상에서 패턴을 찾고, 그 메커니즘을 이해할 수 있는 강력한 방법일 수 있지만, 통계적 패턴을 구성하는 한 사람 한 사람을 애정의 눈길로 보기 어려운, 극복할 수 없는 방법론적인 한계가 있다. 한 반의 초등학생 키를 모아 막대 그래프로 그리면 전체를 볼 수 있지만, 아무리 눈을 부릅뜨고 쳐다보아도 막대 그래프에서 결식 아동을 찾을 수는 없다. 전체를 보는 거시적인 시선인 통계 물리학은 사회 현상을 이해하는 데 일부 도움이 될 수 있지만, 구체적인 문제 해결에는 애정 어린 미시적 시선과 함께할 필요가 있다.

김범준(성균관 대학교 물리학과 교수)

17.
종교의 끝은 과학일까? 코로나19 시대에 진단하는 종교의 미래

LP와 CD의 음질 차이 때문에 LP를 선호하는 이들이 있다. 음향 기기에 별 관심 없는 나에게는 낯선 얘기지만, 이해는 할 수 있을 것 같다. 방에 디지털 피아노가 있는데, 가끔 뚜껑을 열고 두드릴 때면 늘 뭔가 아쉽고, 내 몸이 기억하는 일반 피아노의 건반 터치, 현의 울림, 나무 내음이 그리워진다. 아날로그와 디지털의 차이에 원본과 모방의 차이까지 더해져 더 그런 것도 같다.

코로나19 탓에 2020년 2학기 수업도 일단 비대면 수업이다. 화상 강의가 어색하고, 강의안과 프레젠테이션 자료를 계속 손봐 가며 수업하기도 버겁지만, 어쨌든 나는 그럭저럭 적응하는 중이다. 하지만 캠퍼스가 북적이고, 서로 눈을 맞추며 수업하던 때가 그리운 것도 사실이다. 비대면 환경에 적응하려 애쓰면서 동시에 대면 소통의 온기를 아쉬워하는 이율배반. 이는 한편으로 사진과 영화라는 새로운 복제 기술의 혁명적 잠재력을 간파한 발터 베냐민(Walter Benjamin)과,

다른 한편으로 실체 없는 시뮬라크르(simulacre)뿐인 이미지 범람 시대의 허상을 간파한 장 보드리야르(Jean Baudrillard) 사이 어딘가에 걸쳐 있다.

코로나19가 '문명의 전환' 수준의 거대한 변화를 촉발할 것이라는 전망이 많다. 상황이 막중한 만큼 경청할 만하다. 그런데 대면과 비대면에 대해서 생각해 볼 게 있다. 배우는 카메라를 직접 쳐다보면 안 되는데, 그래야만 영화 속 허구 세계의 관음증적 토대가 유지되기 때문이다. 배우가 카메라를 응시하는 연출은 강한 이질적 의미를 내뿜기에 드물게만 쓰인다. 화상 소통은 어떨까? 화상 소통에서 나와 상대는 서로 눈을 맞출 수 없다. 상대가 내 눈을 보게 하려면 나는 카메라를 응시해야 한다. 하지만 그러면 나는 모니터에 비친 상대의 얼굴을 볼 수 없다. 카메라와 모니터를 동시에 보는 건 불가능하다. 상대가 카메라를 응시하지 않는 한 내가 볼 수 있는 건 눈을 카메라 아래 모니터로 향하고 있는 얼굴뿐이다. 화상 소통에서는 응시가 엇갈리고, 이는 소통 구조 자체가 달라졌음을 뜻한다. 대면과 비대면의 차이는 단지 매체의 차이 이상이다. 거기에는 실제와 가상의 차이, 원본과 모방의 차이, 응시의 엇갈림이 엉켜 있다. 그 복잡성을 읽어야만 대면과 비대면의 차이를 알 수 있다.

방역 체계를 흔든 것으로도 모자라 이를 신앙과 양심의 자유로 정당화하는 일부 개신교인들 때문에 시끌시끌하다. 종교들은 아무리 서로 달라도 다 환유적으로 얽혀 있다. 일부 개신교인들의 잘못은 개신교 전체를 보는 눈에 영향을 주고, 개신교의 잘못은 다른 종교들을 보는 눈에 영향을 준다. 일부 개신교인들의 잘못에 대해 다른 개신교 진영이 대신 사과하며 반성하고, 다른 종교들이 개신교의 위기를 걱정스레 지켜보며 자기 쇄신을 도모하는 건 이 때문이다.

코로나19와 종교 얘기를 하려면 과학, 정치 등 온갖 얘기를 해야 하는데, 그러기엔 능력도 달리고 지면도 좁다. 다행히 최근에 종교계와 종교학계에서 이와 관련한 논의가 좀 있었고, 새로운 논의들도 예정되어 있다. 관련 기사나 자료는 구하기 쉽지만, 조금 얘기를 해보자면, 개신교가 유별나긴 해도 사실 공동체와 의례가 중요치 않은 종교는 없다. 모임 욕망은 모든 종교에 다 있다. 자제할 뿐이지 모임 욕망을 버린 건 아니다. 또 종교인들이 비대면보다 대면 의례를 선호하는 건 단지 교리나 타성 때문이 아니다. 거기에는 앞서 살핀 대면과 비대면의 차이가 얽혀 있다. 코로나19 이후 종교마다 비대면 의례가 늘고 소모임이 강화될 것으로 예측할 수는 있지만, 그 변화의 의미를 알고 변화의 향방을 가늠하려면 대면과 비대면의 차이를 더 많이 살펴야 한다. 디지털과 영상에 익숙한 Z세대가 코로나19 시대에 잘 적응하고, 아날로그적인 베이비붐 세대는 적응을 못 한다는 식의 세대론은 답이 아니다. 아날로그와 디지털, 실제와 가상, 원본과 모방 사이의 틈을 파고들어야만 비로소 무언가 읽어 낼 수 있다.

많은 게 변하겠지만, 모두 코로나19 탓은 아니다. 이미 진행되고 있던 변화가 더 크고 빨라졌을 뿐인 경우도 많다. 예를 들어, 4차 산업 혁명은 코로나19 이전부터 이미 진행 중이었고, 코로나19는 거기에 규모와 속도를 더하고 있다. 종교의 미래도 그렇다. 인간의 일들

01000100
01100001
01110100
01100001
01101001
01110011
01101101
01001101
01100101
01101101
01100101

이미영 © (주)사이언스북스.

치고 영원불변한 건 없다. 모든 게 생성, 변화, 소멸한다. 종교도 다르지 않다. 많은 종교가 생겨났다가 사라졌고, 지금의 종교들은 살아남고 변했기에 그렇게 있는 거다. 코로나19 이후 종교의 미래에도 기존 변화의 확장 및 가속화와 뜻밖의 새로운 변화가 동시에 벌어질 것이다.

종교의 미래는 두 갈래로 살필 수 있다. 개별 종교들의 변화 그리고 새로운 종교들의 출현. 20세기에 종교들은 과학 기술 발달, 자본주의화, 도시화, 세계화 탓에 크게 변했는데, 21세기에 과학 기술의 영향은 더욱 커질 것이다. 예를 들어, 우주 역사와 생명 진화에 관한 발견들은 종교들이 전통적 세계관을 크게 손보게끔 했다. 그러지 못한 종교는 위축되거나 소멸할 수 있다. 진정한 초교파적 연합은 못 하면서 가짜 과학인 창조 과학을 좋아하고 보란 듯이 성소수자를 혐오하는 데서는 거의 모든 교파가 똑같은 개신교의 미래가 걱정되는 건 이 때문이다. 가톨릭도 걱정된다. 가톨릭은 진화론 같은 현대 과학은 수용하면서도, 생명관에서는 전통에 집착한다. 그래서 낙태와 관련해서도 여성은 안 보고 태아만 본다. 과학적 진화론과 전통적 생명관을 어정쩡하게 병치하는 그 절충주의는 자기 모순이며 오래 못 갈 수도 있다.

현대 과학은 놀라운 발견과 발명 들로 우주, 생명, 인간을 다시 정의하도록 요구하고 있고, 이 숙제는 누구도 피할 수 없다. 종교의 미래는 이 숙제 풀이에 좌우될 것이다. 현 우주가 팽창을 멈추고 식어버린 채 끝날지 아니면 수축과 팽창을 반복할지 알 수 없지만, 불교처럼 윤회론으로 쉽게 숙제를 마친다면 별 유익이 없다. 그보다는 인간도 생명도 흔적 없이 사라질 우주의 종말에 비추어 신과 인간의 관계를, 생명과 인간의 의미를 다시 쓰려 하는 가톨릭 및 개신교 현대 신학자들의 분투가 더 흥미롭다. 외계 지적 생명체도 마찬가지다. 종교 집단 라엘리안(Raëlian)처럼 외계 존재를 그냥 믿는 것도, 전통주의 가톨릭 및 개신교처럼 우리의 유일성만 믿고 외계 존재를 부정하는 것도 능사는 아니다. 그보다는 상반된 두 가능성에 비추어 우주 속의 우리를 성찰하는 게 낫다. 우리는 언젠가 외계 존재의 증거를 찾을 수도 있고, 끝내 못 찾을 수도 있다. SF 영화 「콘택트」(1997년)는 그 발견의 감격을, 「애드 아스트라」(2019년)는 발견 실패의 절망을 그린다. 「콘택트」에서 우주는 아름답고 우린 전혀 외롭지 않다. 「애드 아스트라」에서 우주는 쓸쓸하고 우린 사무치게 외롭다. 물론 둘 다 똑같이 우주 속의 우리 이야기를 새로 쓰라는 숙제를 준다.

현대 의학은 죽음의 처소를 심장에서 뇌로 옮겨 놓았다. 하지만 비록 보조 장치 덕분이긴 해도 사랑하던 이가 숨 쉬고 심장이 뛰는 걸 보면서 뇌사를 인정하기란 쉬운 일이 아니다. 이 문제에 관해서는 종교계의 생명 선언보다 영화로도 만들어진 마일리스 드 케랑갈(Maylis de Kerangal)의 『살아 있는 자를 수선하기(*Réparer les vivants*)』(2013년) 같은 소설 작품에서 얻을 게 더 많다. 종교는 오랫동안 삶과 죽음의 경계를 확신해 왔기에 그 경계가 흐려진 현재와 미래를 준비하는 데 더딜 수도 있다. 유전자 편집은 어떤가? 2012년 크리스퍼 유전자 가위의 출현으로 세계는 크게 바뀌었다. 크리스퍼는 치료에 혁신을 가져왔지만, 동시에 인간이 모든 생명체를 조작할 수 있는 길도

열렸다. 게다가 꽤 간단해서 정부, 대학, 기업 연구소 바깥으로도 퍼지고 있다. 예전 생명 복제 논란 때는 과학자의 윤리와 제도적 통제가 관건이었지만, 이젠 다르다. 의료 민주화라는 신념의 바이오해커들 덕에 누구라도 크리스퍼를 택배로 받아 유전자 편집 실험을 할 수 있게 되었다. 그야말로 '신 노릇(playing God)'의 민주화다. 이 문제에 대해선 경전보다 「부자연의 선택」(2019년) 같은 다큐멘터리가 더 유익하다.

거시 역사가 유발 노아 하라리(Yuval Noah Harari)가 『호모 데우스(*Homo deus*)』(2015년)에서 미래의 '데이터교(Dataism)'를 예상한 것이나, 구글 자율 주행차 엔지니어였던 앤서니 레반도프스키(Anthony Levandowski)가 2017년에 AI 종교 '미래의 길(Way of the Future)'을 창시한 걸 보면, 미래의 새로운 종교들에 대해서도 할 얘기는 많다. 관련해 「혹성탈출 2」(1970년)를 권한다. 영화에서 미래 지구의 지배자 유인원들을 피해 지하에 숨어 사는 돌연변이 인간들은 핵폭탄을 신으로 숭배한다. 미래의 종교에 대한 상상 자체는 그리 새로운 게 아니다. 그런데 그 상상의 소재가 주로 냉전 시대 핵폭탄이나 21세기 빅 데이터와 AI 같은 과학적 산물이라는 점은 꽤 흥미롭다. 하지만 이 이야기는 다른 기회로 미뤄야 할 것 같다. 지면도 필요하고, 공부도 더 필요하다. 이제 다시 독자가 되어 즐거이 듣고 배우련다.

김윤성(한신 대학교 디지털 영상 문화 콘텐츠학과 교수)

18.
구글 신은 모든 것을 알 수 있을까? 네트워크 과학의 최신 질문들

가장 인기 있는 회사는 어디일까? 요즘은 누구나 궁금한 것이 있을 때 검색 엔진에 물어본다. "가장 인기 있는"까지 입력하자 검색창에는 다음에 입력하려는 것이 무엇인지 알고 있다는 듯 "스포츠", "게임", "아이돌"의 연관 검색어가 나타난다. 추천 검색어를 모두 제치고 "회사"를 입력한다. 검색 결과에는 애플과 구글이 상위에 나온다. "가장 인기 있는 회사?" 다시 생각해 보니 질문이 잘못됐다. 회사의 인기라는 것을 도대체 누가 어떻게 정한단 말인가? 이런 어리석은 질문에도 뭔가 답을 내는 검색 엔진이 신통하다. 누군가 생각했을 법한 질문에 대한 여러 답이 검색된다.

최근 한 설문 조사에서 공학 전공 대학생들을 대상으로 가장 입사하고 싶은 직장을 알아봤다. 그 결과 구글이 제일 선호되는 기업으로 뽑혔다. 취직을 앞둔 사람들이 들어가고 싶은 기업이라고 하니 적어도 젊은이들에게 '가장 인기 있는 회사'라고 할 수 있겠다. 다른 기업들의 순위를 봐도 앞선 검색 결과와 얼추 맞다. 구글의 모회사 알파벳(Alphabet)은 2021년 상반기 기준 시가 총액 세계 5위로 1조 달러를 넘었다. IT 기업의 시가 총액이 사우디아라비아 국영 석유 기업인 아람코의 60퍼센트에 육박한다는 것이 믿기지 않는다. 이는 구글의 역사가 불과 23년밖에 되지 않았다는 것을 생각하면 더욱 놀랍다. 이런 구글 창업의 중심에는 바로 '네트워크 과학'이 있었다.

구글이 도메인을 등록하고 검색 서비스를 시작한 것은 1997년이다. 당시에는 이미 라이코스(Lycos), 야후(Yahoo), 알타비스타(Altavista)와 같은 유수의 검색 엔진들이 있었다. 라이코스와 알타비스타는 스스로 인터넷 사이트를 돌아다니며 정보를 수집하는 웹 크롤러(web crawler) 기술을 바탕으로, 야후는 전문가들이 정리한 카탈로그 형식의 정보를 제공하여 인기를 끌었다.

검색 엔진은 사용자가 특정 사이트들의 주소를 일일이 기억할 필요 없이 인터넷에서 필요한 정보를 빠르게 찾을 수 있도록 하는 나침반이 되어 주었다. 당시 최신 기술이었던 인터넷이 검색 엔진의 도움으로 사용하기 편리해지고, 정보 전달, 특히 광고와 홍보에 유용하다는 것이 알려지며 웹 문서의 수는 폭발적으로 늘었다. 이에 따라 수많은 웹 문서에서 유용한 정보를 찾아 주는 것이 중요해졌다.

그동안의 검색 엔진들은 수집한 문서의 내용을 분석하여 특정 단어가 얼마나 자주 출현하는가를 기준으로 문서의 중요도를 결정했다. 반면 구글은 문서의 내용보다 문서의 연결 구조로 중요도를 평가했는데, 이때 사용한 것이 바로 페이지랭크(PageRank) 알고리듬이다.

인터넷의 웹 문서들은 웹 브라우저에서 글과 그림이 원하는 위치에 보이고 다른 문서와 연결될 수 있도록 하는 HTML(hypertext markup language) 문법에 따라 작성된다. 다른 문서와 연결된 링크를 클릭하면 다음 문서를 볼 수 있다. 인터넷은 바로 거대한 웹 문서들의 '연결'이다. ㉮라는 문서에서 링크를 눌러 ㉯로 이동하는 관계를 한 점(node) ㉮와 다른 점 ㉯를 잇는 화살표로 표현해 보자. 이러한 연결선(link)을 한데 모으면 인터넷 구조를 표현할 수 있다. 이렇게 '점'과 '선'으로 연결된 수학적 구조가 바로 네트워크(network)다.

이제 이런 상상을 해 보자. N명의 사람이 각자 임의의 한 웹 문서를 보고 있다. 이때 각 문서를 보고 있는 사람의 수를 중요하게 헤아리려 한다. 처음에는 마구 골랐기에 각 문서를 보고 있는 사람의 수가 비슷하다. 그 상태에서 1초가 지나면 각자 보고 있는 문서에서 링크 하나를 따라 다음 문서로 이동한다. 만약 문서에 링크가 없으면 다시 무작위로 한 문서를 고른다. 이런 과정을 한동안 반복하다 보면, 많은 사람이 함께 보고 있는 문서도, 그렇지 못한 문서도 있을 것이다. 구글의 공동 창업자 래리 페이지(Larry Page)는 이런 상황에서 특정 문서를 보고 있는 사람의 수로 그 문서의 중요도를 나타내는 '페이지랭크'를 정의하고, 네트워크에서 각 문서의 페이지랭크를 효율적으로 계산하는 방법을 개발했다.

이는 웹 문서의 '내용'으로 해당 문서의 중요도를 평가하는 것이 아닌 '네트워크 구조'만을 고려하여 문서의 중요도를 평가하는 방식이다. 단어 빈도수 기반 알고리듬을 겨냥하여 검색 결과의 상위에

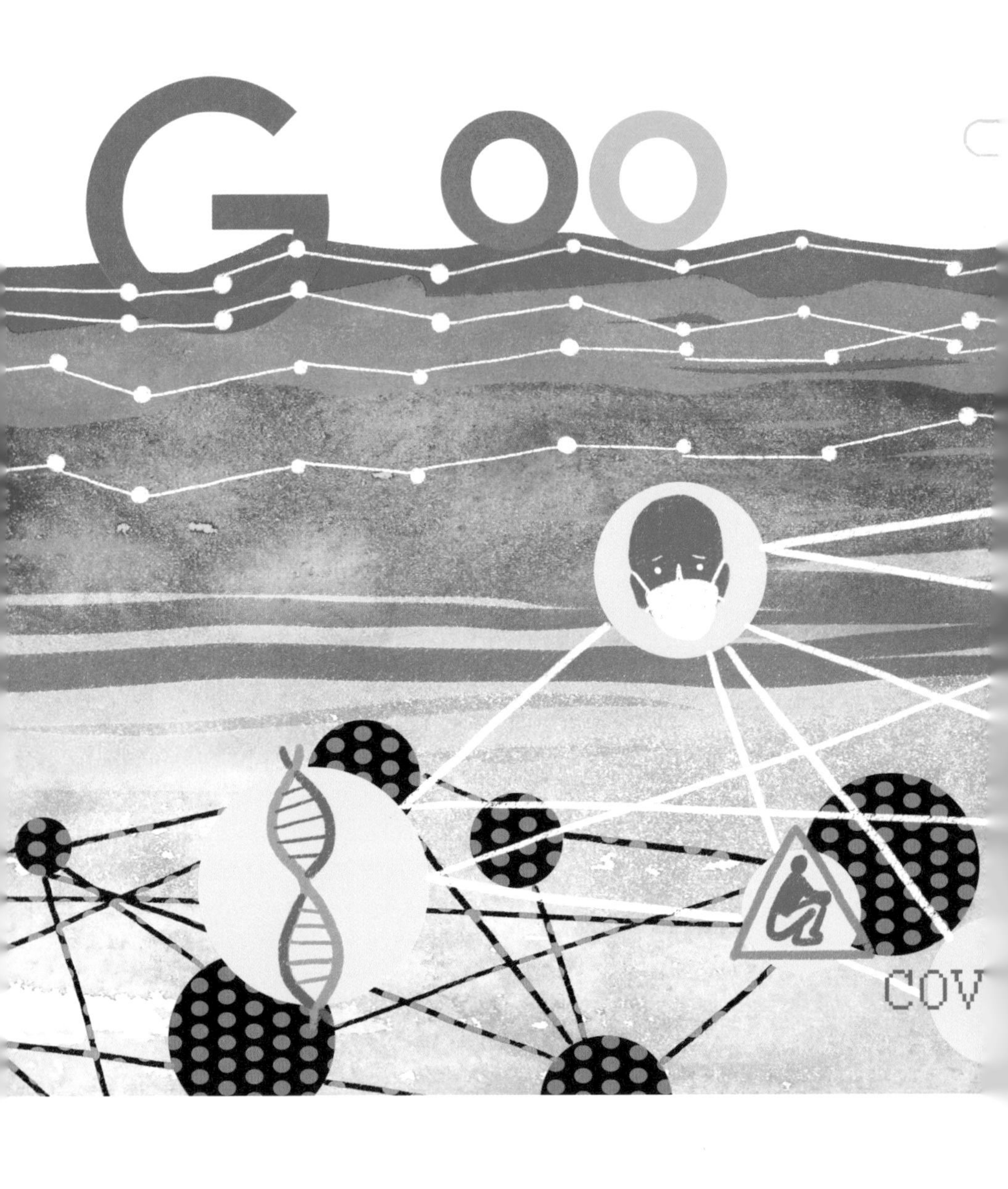
Goo
COV

토끼도둑 © (주)사이언스북스.

문서를 노출시키는 방법은 아주 쉽다. 바로 광고하려는 사이트의 한 구석에 특정 인기 검색어들을 (관련이 없더라도) 모아 숨겨 놓는 방식이다. 구글은 이를 피하여 네트워크 구조에 따라 문서를 추천한다.

인터넷에서 페이지랭크는 네트워크의 훌륭한 중심도(centrality)가 되었다. 인터넷 구조는 1959년에 헝가리 수학자 에르되시 팔(Erdős Pál)과 레니 얼프레드(Rényi Alfréd)가 제안한 것 같은 마구잡이로 연결된 구조가 아니었다. 인터넷의 연결선 수 분포가 멱함수 법칙(power-law)을 따르는, 척도 없는(scale-free) 네트워크 성질을 보인다는 사실이 알려진 것은 40년이 지나 복잡계 네트워크 연구가 태동하던 1999년이다. 래리 페이지는 인터넷 구조를 알기 2년 앞서 인터넷에서 '중심 노드'를 찾는 방법을 고안한 것이다.

이처럼 네트워크 과학에서는 네트워크를 이루는 요소의 내용보다는 네트워크 구조에서 나타날 수 있는 보편적 특징을 이해하고자 한다. 노드 하나하나의 특징이 아닌 연결 관계가 더욱 중요하다. 인터넷 구조에서 찾은 연결선 수 분포는 우리 몸 안에서 중요한 기능을 하는 단백질들의 상호 작용 연결망에서도 보이고, 지인 관계를 표현한 사회 연결망에서도 나타난다. 항공망과 세계 무역망, 소프트웨어들 사이의 의존성도 동일한 보편적 특징을 보인다.

보편군의 특징을 파악하여 얻은 일반 지식을 응용하는 방법은 물리학 연구에서 자주 보인다. 물리학에서는 최대한 덜어내어 가장 간단한 모형을 만들고 그 특징을 연구한다. 기존 모형에서 설명할 수 없는 점이 나타나면 그다음 요소를 추가한다. 네트워크 연구에서도 연결선 수 분포를 설명하기 위한 모형에서, 군집 계수(clustering coefficient)도 포함시킨 모형으로, 또 계층(hierarchy) 구조와 커뮤니티(community) 구조를 반영한 모형으로 발전해 나갔다.

특히 최근 네트워크 연구의 새로운 방향으로는 크게 두 가지가 있다. 하나는 단일한 층의 네트워크가 아닌 여러 층의 상호 작용하는 네트워크에 대한 연구이다. 우리는 교통망을 이용할 때 항공망과 함께 도로망도 이용한다. 이처럼 여러 네트워크가 함께 상호 작용하는 경우가 많다. 전력망은 통신망과 함께 연결되어 있다. 사회 연결망 또한 가족, 학연, 지연 등 여러 종류의 관계가 겹쳐져 있다. 질병 네트워크 분석도 유전자 발현 네트워크 분석과 함께 이루어지고 있다. 이런 연구로는 생명 공학의 다중 오믹스 분석(multi-omics analysis)이 대표적이다.

또 다른 하나는 둘의 관계가 아닌 셋, 넷, 다중의 관계에 대한 연구이다. 네트워크 연구는 둘 사이의 관계를 링크로 표현한 것이다. 셋이 만나서 만들어지는 관계는 어떻게 표현하면 좋을까? 갑, 을, 병, 세 친구 사이의 우정을 생각해 보자. 이 관계가 갑-을, 을-병, 병-갑 이렇게 둘 사이의 세 관계로 모두 표현이 될까? 그런 경우도 있겠지만, 많은 경우 아닐 것이다. 이런 둘 이상의 관계를 위상 수학적 표현인 단체 복합체(simplicial complex) 구조로 확장하는 연구가 진행 중이다.

최근 코로나19 사태로 네트워크 응용 연구 또한 활발하다. 사회 연결망 구조를 바탕으로 감염병 전파 모형의 여러 시나리오를 분석하여 질병 전파 양상을 예측하고, 감염병의 확산을 줄이기 위한 방법들, 사람들의 이동 자제, 마스크 쓰기, 감염자 격리 등의 효과를 평가한다. 특정 바이러스와 상호 작용하는 단백질 네트워크를 분석하여 치료약 개발을 위한 대상 단백질을 찾고 있다. 또한 생산된 백신이 부족할 때 누가 먼저 접종해야 감염병을 효과적으로 차단할 수 있을지와 같은 정책 문제에 또한 네트워크 과학이 적용된다.

네트워크 연구의 확장은 데이터 과학의 발전과 함께하고 있다. 얻기 어려웠던 다양한 생물학 데이터와 사회, 기술 데이터들이 축적되고 있다. 가장 많은 데이터를 확보하고 있는 기업 역시 구글인데, 일례로 구글은 하루에 전 세계 54억 건 이상의 검색을 처리한다. 사용자들은 원하는 검색 결과를 정확히 얻기 위하여 구글 앞에서 솔직해진다. 이러한 검색어 정보는 자연어 처리와 기계 학습, 인공 신경망 분석, 네트워크 분석을 통하여 질병 통제국의 독감 경보나 미디어의 경제 불황 지표, 선거 결과 예측보다 앞서 정보를 알려준다.

보통 크리스마스 영화에서 산타클로스는 전 세계 어린이들이 원하는 것을 실시간으로 모두 알고 있는 것으로 나온다. 구글이 그러하듯 말이다. 2018년 구글의 복무 규정에서 "Don't be evil.", 즉 "사악해지지 말자."가 빠져 뉴스가 되었다. 이런 구글이 어떤 '신'으로 성장해 갈지는 아마 구글도 모를 것이다. 나에게 던져진 첫 질문 '구글신은 모든 것을 알 수 있을까?'를 다시 생각해 보면 말이다.

손승우(한양 대학교 응용 물리학과 교수)

19.
과학은 꼭 인간의 것일까? 과학에서 인공 지능의 역할

2020년 11월 말 유명한 생명 공학 대회인 CASP14의 결과가 공개되었다. 매우 중요한 연구 주제 중 하나인 단백질 구조 예측과 관련해서는 가장 유명한 대회이다. 2019년 알파고(AlphaGo)로 유명한 딥마인드 사의 단백질 구조 예측 인공 지능인 알파폴드(AlphaFold)가 기라성 같은 연구 그룹들을 제치고 1등을 기록한 바 있기 때문에 2020년 버전인 알파폴드2 역시 좋은 성적을 낼 것으로는 여겨졌는데, 그 결과는 예상했던 것보다도 훨씬 충격적이었다.

2위를 기록한, 미국의 생화학자 데이비드 베이커(David Baker) 워싱턴 대학교 교수가 이끄는 베이커 그룹과 3배 차이라는 엄청난 점수 차이를 기록했을 뿐 아니라, 그 성능을 질적으로 평가하더라도 현재까지의 단백질 구조 연구 전체를 송두리째 바꾸어 놓을 것이라는 이야기가 나올 정도로 압도적인 성능을 보여 주었다.

알파폴드2는 CASP14에서 출제된 110개의 단백질 구조 예측

문제 중에서 90퍼센트 이상을 단지 서열 정보만 가지고 해결했다. 단백질 구조를 실험과 거의 동일한 수준으로 예측한 것이다. 달리 말하면 인공 지능 알고리듬과 유전자 서열 정보에 적절한 컴퓨터만 있으면 전자 현미경이나 핵 자기 공명 장비나 엑스선 결정 분석 장비 같은 고가의 장비나 숙련된 분석 화학자 없이도 단백질 관련 연구 거의 대부분을 수행할 수 있다는 것이다.

인류 입장에서 본다면 이는 엄청난 축복일지도 모른다. 수개월에 걸친 실험을 통해서 간신히 알아낼 수 있었던 단백질 구조를 이렇게 쉽게 알아낸다는 것은 신약 개발에 들어가는 엄청난 인력과 예산을 획기적으로 줄일 수 있기 때문이다. 현재까지 단백질의 아미노산 서열은 1억 개 정도 알려져 있는데, 그중에서 구조가 알려진 것은 10만 개가 되지 않는다. 우리가 대처할 수 없었던 미지의 영역에 있는 단백질들이 전체의 99.9퍼센트가 넘었던 것이다. 이들의 구조를 빠른 시일 내에 알아낼 수 있다면 단백질 구조 연구가 지지부진해 진척되지 않았던 신약 개발이나 질병 메커니즘 관련 연구가 크게 발전할 것이다.

이미 알파폴드는 코로나19의 구조 분석 연구에 활용되어 치료법과 백신 등의 개발에 간접적으로 큰 공헌을 한 바 있다. 앞으로도 이런 기술이 발전한다면 새로운 바이러스가 나타나더라도, 어떻게 질병을 일으키는지 더욱 빠르게 파악하고 그에 따른 대처 방법이나 치료제 또는 백신을 개발하는 데 큰 도움을 받을 것이다.

그렇지만 이런 인공 지능 기술의 약진은 인간 과학자들에게는 엄청난 충격을 주는 소식이기도 하다. 오랜 세월 익히고 쌓은 연구 기술이나 업적이 더 이상 아무도 찾지 않고 아무도 알아주지 않는 것으로 변해 버릴지 모르기 때문이다.

조금 다른 사례를 알아보자. 2020년 1월 말 《와이어드(*Wired*)》에 「우한 바이러스의 첫 경고를 보낸 AI 전염병 학자」라는 기사가 실렸다. 캐나다의 블루닷(BlueDot) 사가 인공 지능을 이용해 우한의 코로나19가 매우 빨리 퍼질 가능성을 알아내고 이에 대해 매우 일찍 미국 질병 관리 본부와 다른 회사들에 경고했다는 것이 기사의 요지였다.

이 회사의 최고 경영자는 토론토 대학교에서 감염 의학을 전공한 캄란 칸(Kamran Khan) 박사로 이미 수년 전 지카 바이러스의 국제적 확산을 예측하는 논문으로 스타덤에 오른 바 있다. 이들이 활용한 예측 방법을 살펴보면, 국제 항공 운송 협회(International Air Transport Association, IATA) 자료의 도움을 받아 전 세계 여행자의 움직임을 파악하고 분석하는 한편, 동시에 글로벌 인구 데이터 세트인 랜드스캔(LandScan)의 인구 데이터를 이용해 지카 바이러스가 어떻게 확산되었는지 예측했다. 이들은 또한 표적이 되는 감염병, 전 세계 이동 데이터, 동물 전염병 뉴스, 실시간 기후 등과 관련한 다양한 데이터를 이용하고, 특정 감염병에 대한 자동 감시 시스템을 갖추고 위험을 알려 주는 플랫폼과 맞춤형 감염병 위험 평가를 위한 탐색기 플랫폼도 같이 제공한다.

이런 인공 지능 기술 플랫폼을 활용하면, 우한에서 독감 증상을 보이는 환자가 늘고 있다는 소식을 중국어로 수집하고, 우한에서

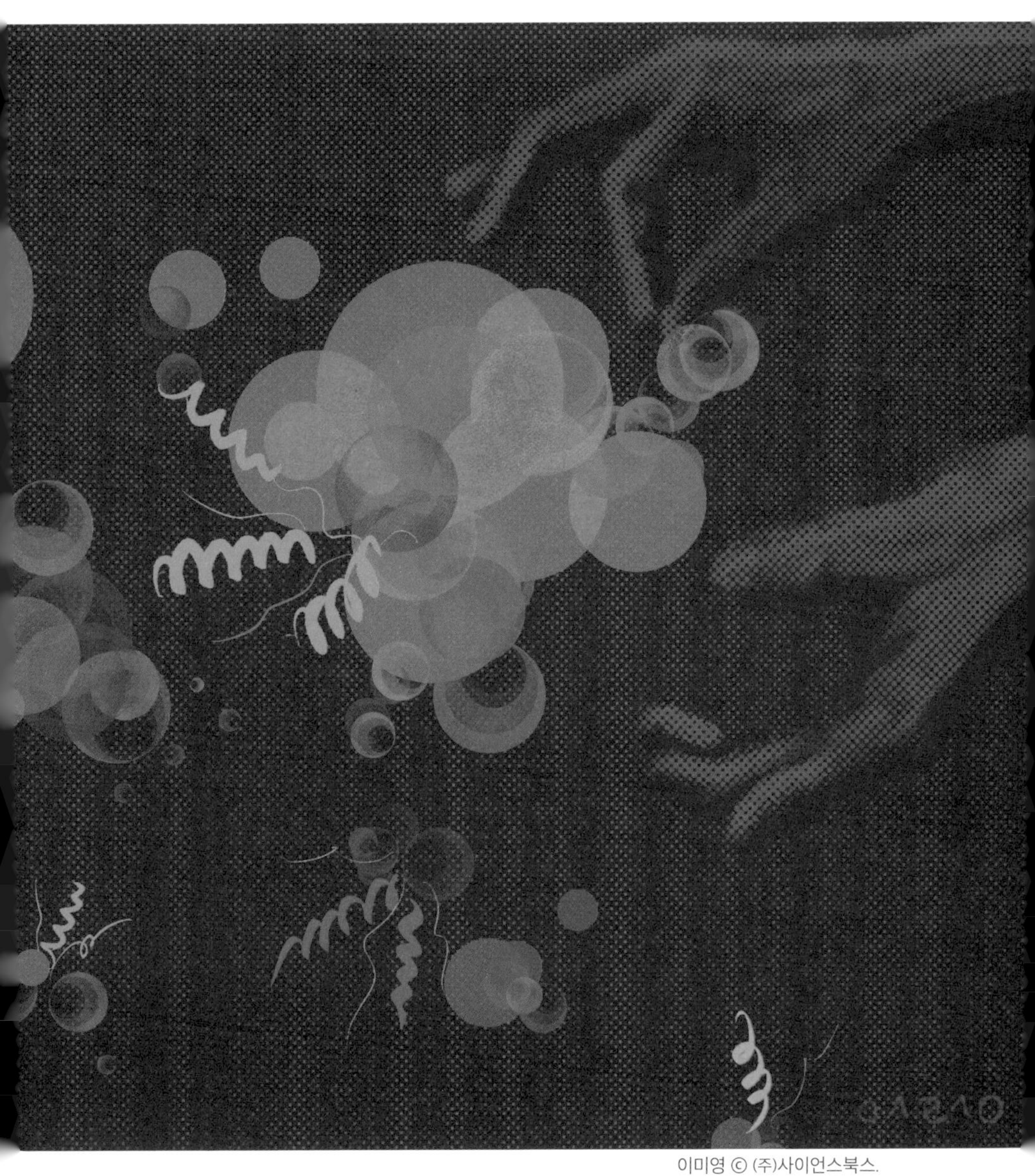

나온 항공사 데이터를 합치면 독감이 확산되는 정도를 알 수 있다. 실제로 코로나19의 경우, 블루닷은 이 기술을 이용해 미국이나 중국 질병 관리 본부, WHO 등 공식적인 기관들보다 일주일 정도 빨리 바이러스가 퍼지는 것을 감지해 경고를 할 수 있었다고 한다.

블루닷이 하는 이런 연구를 디지털 역학(digital epidemiology)이라고 하는데, 사람과 장소와 시간을 중심으로 데이터를 수집하고 인과 관계와 상관성 등을 다양한 방식으로 추정해 질병 자체의 발생과 확산을 알아내는 전통적 사회 과학 기법을 활용한 과거의 역학 연구가 이제는 막대한 데이터를 바탕으로 한 인공 지능 기술로 완전히 혁신되기 시작한 것이다.

알파폴드와 블루닷이라는 서로 다른 분야의 두 사례는 과학자가 해 왔던 활동이나 역할을 이미 상당 부분 인공 지능 기술이 대체하기 시작했다는 신호탄이라고 할 수 있다. 특히 막대한 시간이 들어가는 반복적인 작업이 필요한 실험 연구나, 방대한 데이터를 수집하고 이를 바탕으로 가설을 검증하고 정리하는 전통적인 과학자들의 작업은 현재의 인공 지능 기술을 적절하게 응용하기만 하더라도 커다란 혁신을 가져올 수 있다는 것이 이미 속속들이 증명되고 있다.

여기서 더 나아가면 인공 지능이 직접 가설도 만들고 문제도 인식하며 자가 프로그래밍도 하면서 과학 연구의 본질에 인간보다 더 가까이 다가가는 미래를 이야기할 수도 있겠지만, 현재 인공 지능 개발 단계를 고려할 때 이는 현재의 딥 러닝(deep learning)이라는 인공 지능 기술의 한계를 뛰어넘는 또 한 번의 혁명적 변화가 있어야 가능하기 때문에 논외로 하겠다.

그렇지만 현재까지 인공 지능이 과학 연구에 도입되어 달성한 성과만 가지고서도 근미래의 과학자와 인공 지능의 관계에 대해서는 다시 생각해 볼 시기가 되었다. 알파폴드와 같은 기술이 대중화되어 사용된다면, 분석 실험을 주로 하는 과학자들의 일은 없어질까? 아니면 더 고도화될까? 아마도 두 가지 가능성이 모두 공존하게 될 것이다.

분석 실험을 굳이 할 필요가 없는 경우와 꼭 필요한 경우가 나뉘게 될 것이고, 상당 부분은 인공 지능이 처리하겠지만, 인공 지능도 어려워하는 문제를 풀거나, 인공 지능의 결과를 바탕으로 더 나은 분석 실험 방법을 고안하거나, 실험 방식을 바꿔서 과거에 알지 못했던 것을 더 잘 알게 되기도 할 것이다.

블루닷과 같은 인공 지능 플랫폼이나 도구가 발전하면 전통적인 역학 연구를 하는 과학자들의 일자리는 사라지게 될까, 아니면 더욱 연구할 것이 많아질까? 이 역시도 비슷한 결론을 내릴 수 있다. 인공 지능은 과거에 비해 엄청난 효율로 데이터를 분석하고 많은 답을 주겠지만, 이 결과를 바탕으로 과거에는 하지 못했던 또 다른 차원의 연구를 진행하거나 추가적인 데이터 수집을 하는 등의 역할 변화가 일어날 수 있고, 해당 분야의 성과로 인한 사회적 기여도가 올라간다면 더 많은 사람이 해당 분야의 과학자가 될 수도 있을 것이다.

두 경우 모두 과학자들에게 과거에는 없었던 노력을 요구한다. 바로 인공 지능을 잘 이해하고 활용할 수 있는 능력, 그리고 문제를 파악하고 가설을 세우는 능력과 같이 아직 인공 지능이 잘하지 못하는 능력의 중요성이 더욱 올라가면서 과학자들이 기본적으로 연마하고 알아야 하는 기술의 우선 순위와 목록이 달라질 것이다.

공공 영역에서도 이런 변화를 수용하기 위해 준비해야 하는 것들이 있다. 2019년 알파폴드가 이미 상당한 성공을 거두고 소스 코드도 논문과 함께 공개되자 2020년 CASP14 대회 참가자들의 상당수가 딥 러닝을 이용해 비슷한 접근을 했지만, 모두가 알파폴드2의 상대가 되지 못했다. 그 원인으로 인공 지능 기술의 전문성이나 경험 등에 대한 차이도 있겠지만, 막대한 컴퓨팅 자원의 지원을 받는 딥마인드 사의 연구 인프라도 무시할 수 없다. 이는 결국 과학 연구의 성과도 인공 지능 인프라에 좌우될 수 있다는 뜻이다. 공공 영역에서 인공 지능 인프라에 대한 접근성 문제를 해결해 주지 못한다면 과학자들도 극심한 빈익빈 부익부, 즉 연구의 양극화를 겪을 것이다.

그러므로 과학자들이 인공 지능과 함께 연구하는 것이 더 확산되리라는 새로운 연구 패러다임을 전제로 과학자들 자신도 변신을 도모하고, 국가와 공공 영역에서도 이런 변화를 지원할 수 있는 체계를 잘 만들어 나가야 할 것이다.

정지훈(모두의연구소 최고 비전 책임자)

지은이 소개

김낙우

경희 대학교 물리학과 교수. 서울 대학교에서 「끈 이론 비섭동적 대응성에 대한 연구」로 박사 학위를 받았다. 이후 영국 런던 대학교, 독일 막스 플랑크 연구소에서 일반 상대론, 양자 장론, 끈 이론을 연구했다. 2004년부터는 경희 대학교 교수로 재직 중이다. 초중력 이론의 정확한 해를 구성해 홀로그래피 가설을 정량적으로 검증하는 작업에 천착해 왔다. 초끈 이론, 초중력, 양자 장론에 관한 논문을 다수 발표했으며, 끈 이론 분야에서 행렬 이론의 성질을 규명하고 초중력 이론의 풀이에 기여한 공로로 2008년 한국 물리학회가 수여하는 백천 물리학상을 받았다. 『양자 중력의 세 가지 길』, 『우주의 풍경』, 『맥스 테그마크의 유니버스』 등 대중에게 현대 물리학의 최신 결과를 전달하는 책을 번역했다.

김범준

성균관 대학교 물리학과 교수. 서울 대학교 물리학과에서 「초전도 배열에 대한 이론 연구」로 박사 학위를 받았다. 어려서 작은 천체 망원경으로 밤하늘을 바라보며 과학의 세계를 동경했다. 결국 물리학자가 되어 교육과 연구를 즐기는 덕업일치의 삶을 살고 있다. 서로 영향을 주고받는 구성 요소로 이뤄진 복잡계의 거시적인 특성을 주로 연구한다. 특히 사회에서 일어나는 여러 현상을 과학의 시선으로 이해하는 연구에 관심이 많다. 합리적인 과학적 사고 방식이 더불어 사는 미래를 가져오는 데 큰 도움을 줄 수 있다고 믿는다. '변화를 꿈꾸는 과학 기술인 네트워크(ESC)'의 3기 대표와 한국 물리학회 대중화 위원회 위원장을 맡고 있다. 『세상물정의 물리학』, 『관계의 과학』, 『김범준 선생님이 들려주는 빅데이터와 물리학』 등을 저술했다.

김산하

이화 여자 대학교 에코 과학부 연구원, 생명다양성재단 사무국장. 서울 대학교 동물 자원 과학과를 졸업하고 같은 대학교 대학원에서 석사 학위를 받았다. 2007년부터 본격적으로 인도네시아 구눙할리문 국립 공원에서 「자바긴팔원숭이의 먹이 찾기 전략」을 연구해 한국 최초로 야생 영장류학자 박사 학위를 취득했다. 동료 과학자들이 연구한 내용을 일반인에게 설득력 있게 알릴 수 있도록 생태학과 예술을 융합하는 작업에도 관심을 두고 영국 크랜필드 대학교 디자인센터에서 박사 후 연구원을 지내기도 했다. 청소년 환경 보전 운동을 지원하는 제인 구달 연구소의 ‘뿌리와 새싹’ 프로그램 한국 지부장으로도 활동하고 있다. 자연 생태계와 환경의 중요성을 알리는 그림 동화 『STOP!』과 『습지주의자』, 『김산하의 야생학교』, 『비숲』 등을 출간했다.

김상욱

경희 대학교 물리학과 교수. KAIST에서 물리학으로 학사, 석사, 박사 학위를 받았다. 포항 공과 대학교, KAIST, 독일 막스 플랑크 연구소 연구원, 서울 대학교 BK 조교수, 부산 대학교 물리 교육과 교수를 거쳤다. 도쿄 대학교, 인스부르크 대학교 방문 교수와 아시아 태평양 이론 물리 센터(APCTP)의 과학 문화 위원장을 역임했다. 주로 양자 과학, 정보 물리를 연구하며 60여 편의 논문을 SCI 저널에 게재했다. 특히 양자 정보, 양자 열역학, 양자 혼돈 이론 분야에서 탁월한 연구 업적을 냈다. 『김상욱의 양자 공부』, 『떨림과 울림』, 『김상욱의 과학공부』를 저술하고, 『과학 수다』, 『과학은 논쟁이다』, 『과학하고 앉아있네』 등 다수의 과학 도서에 공저자로 참여했다.

김윤성

한신 대학교 디지털 영상 문화 콘텐츠학과 교수. 서울 대학교 영어 영문학과를 졸업하고 같은 대학교 종교학과에서 「조선 후기 천주교 성인 공경에 나타난 몸의 영성」이라는 논문으로 박사 학위를 받았다. 현재 한국 종교 문화 연구소 연구 위원으로도 활동하고 있다.

「인공 지능과 영혼」, 「생명 논의와 모호성의 윤리」, 「젠더의 렌즈로 신화 읽기」, 종교학과 문화 비평의 관계 등 논문을 썼다. 문화 이론을 바탕으로 종교에서 몸, 성, 취향, 차별, 합리성 등의 문제를 연구해 왔으며, 최근에는 시각성에 대해 탐구하고 있다. 『종교 전쟁: 종교에 미래는 있는가』, 『종교 다시 읽기』를 공저로 펴냈고 『거룩한 테러』, 『다윈 안의 신』 등을 번역했다.

김항배

한양 대학교 물리학과 교수. 서울 대학교 물리학과를 졸업하고 동 대학원에서 입자 물리학 이론으로 박사 학위를 받았다. 이후 스페인 마드리드 자치 대학교, KAIST, 영국 랭커스터 대학교, 스위스 로잔 공과 대학교에서 박사 후 연구원을 지냈으며, 현재 한양 대학교 물리학과 교수로 있다. 입자 물리학 현상론, 우주론, 암흑 물질, 초고에너지 우주선 등의 주제로 다수의 논문을 발표했으며, 입자 천체 물리학과 우주론에 대한 연구를 하고 있다. '10월의 하늘'과 네이버 '열린 연단'에서 과학자 재능 기부 강연에 참여하고, 한국 물리학회, APCTP 등이 주최하는 대중 강연에 나섰다. 월간 《과학과 기술》에 칼럼을 연재하고 『우주, 시공간과 물질』, 『태양계가 200쪽의 책이라면』을 저술했다.

문홍규

한국 천문 연구원 책임 연구원. 연세 대학교에서 천문학 전공으로 박사 학위를 취득했고 1994년부터 한국 천문 연구원에서 근무하고 있다. 어려서부터 우주에 관심이 많아 책과 별 보기를 즐겼다. 중학교 시절부터 아마추어 천문 활동을 시작했고 1985년에는 한국 아마추어 천문 협회에서 핼리 혜성 탐사반을 만들어 친구들과 함께 국내에서 처음으로 핼리 혜성 사진을 찍었다. 2006년 국제 소행성 경보 네트워크 한국 대표, 2009년 세계 천문의 해 한국 위원회 사무국장 겸 대표를 맡았다. 현재 태양계 소천체를 연구하며 아포피스 탐사 임무를 기획하고 있다. 공저로는 『미지에서 묻고 경계에서 답하다』, 『2030 화성 오디세이』가 있고, 『하늘을 보는 눈』, 『침묵하는 우주』 등을 공역했다.

박성찬

연세 대학교 물리학과 교수. 서울 대학교 물리학과에서 여분 차원의 물리 현상학을 연구해 박사 학위를 받았다. 코넬 대학교, 도쿄 대학교 우주 물리 수학 연구소(IPMU)에서 연구하였으며, 2010년 일본 소립자 물리학회가 수여하는 젊은 이론 입자 물리학자 상을 받았다. 암흑 우주 연구실 대표로 우주선과 암흑 물질, 초기 우주의 힉스 인플레이션을 연구하며, 궁극의 물리학 이론을 찾고 있다. 한국 물리학회 이사와 자문 위원을 역임하고 현재 물리 대중화 특별 위원회 위원과 아시아 태평양 이론 물리 센터(APCTP) 한국 위원회 위원, 고등 과학원 QUC 자문 위원, 한-CERN 운영 위원으로 활동하고 있다.

소원주

화산학자. 부산 대학교 사범 대학 지구 과학과를 졸업하고 한국 교원 대학교에서 교육학 박사 학위를 받았다. 일본 문부성 장학생으로 유학을 가 히로사키 대학교에서 지질학을 공부하며 한국인 최초로 일본에 퇴적된 백두산 화산재 연구를 수행했다. 그때부터 10세기에 일어난 백두산 대폭발이 당시 동아시아에 존재했던 인류의 문명에 끼친 영향에 관심을 두고 연구해 왔다. 캐나다 서스캐처원 대학교에서 과학 교사 특별 연수를 받았다. 울산 광역시 교육청 장학관, 일본 삿포로 한국 교육원 원장, 오사카 금강 소중고등학교 교장 등을 역임했다. 「홀로세 백두산 대분화 연구」 논문을 《한국 지구 과학회지》에 출판하고, 『백두산 대폭발의 비밀』을 저술했다. 또한 유튜브 채널 '소박사TV'를 개설해 화산, 지진, 태풍 등 지구 과학 콘텐츠의 크리에이터로 활동하고 있다.

손승우

한양 대학교 응용 물리학과 교수. 포항 공과 대학교(POSTECH) 물리학과를 졸업하고, KAIST에서 물리학으로 석사와 박사 학위를 받았다. 캐나다 캘거리 대학교에서 박사 후 연구원 과정을 마치고, 현재는 한양 대학교 에리카 캠퍼스 응용 물리학과 교수로 재직 중이다. 2016년 한국 물리학회에서 통계 물리학 발전에 이바지한 연구자에게 수여하는 용봉상을 수상했다. 집단 거동, 동기화와 관련된 복잡계를 연구하고, 데이터 분석을 바탕으로 도시 내 인구 및 시설 분포, 전력망

안정성 등을 연구한다. APCTP 과학 문화 위원장, 한국 물리학회 대중화 위원, 한국 복잡계 학회 운영 이사로 활동하고 있다.

송기원

연세 대학교 생화학과 교수. 연세 대학교 생화학과에서 학사 학위를 받고 미국 코넬 대학교에서 생화학 및 분자 유전학으로 박사 학위를 취득했다. 미국 밴더빌트 대학교 의과 대학의 박사 후 연구원을 거쳐 현재 연세 대학교 생명 시스템 대학 생화학과 교수로 재직 중이다. 세포 주기라고 불리는 세포의 자기 복제 과정이 다양한 외부 자극에 의해 어떻게 영향을 받는가를 연구해 왔으며 최근에는 단백질 상 분리 현상에 대한 연구도 진행하고 있다. 빠르게 발전하고 있는 생명 과학이 어떻게 사회와 관계를 맺어야 하는가에 대해 문제 의식을 갖고 연세 대학교 언더우드 국제 대학의 과학 기술 정책 전공에도 겸직 교수로 참여하고 있다. 『생명』, 『송기원의 포스트 게놈 시대』 등을 저술하고, 『과학은 논쟁이다』, 『생명과학, 신에게 도전하다』 등에 공저자로 참여했다.

이명현

천문학자, 과학책방 갈다 대표. 네덜란드 흐로닝언 대학교 천문학과에서 박사 학위를 받았다. 네덜란드 캅테인 연구소 연구원, 한국 천문 연구원 연구원, 연세 대학교 천문대 책임 연구원을 지냈다. '2009 세계 천문의 해' 한국 조직 위원회 문화 분과 위원장으로 활동했고 한국형 외계 지적 생명체 탐색(SETI KOREA) 프로젝트를 맡아서 진행했다. 서울 삼청동에 '과학책방 갈다'를 열어 작가와 과학자, 그리고 독자들을 잇는 문화 행사 공간으로 만들었다. 『이명현의 과학책방』, 『이명현의 별 헤는 밤』, 『빅히스토리 1: 세상은 어떻게 시작되었을까?』, 『지구인의 우주공부』 등을 저술하고, 『침묵하는 우주』를 번역했다. 이 외에도 『과학은 논쟁이다』, 『과학하고 앉아있네 2: 이명현의 외계인과 UFO』 등 다수의 공저가 있다.

이은희

과학 저술가. 필명 하리하라. 연세 대학교 생물학과를 졸업하고 같은 동 대학원에서 신경 생리학을 전공했다. 고려 대학교에서 과학 언론학으로 박사 과정을 수료했다. 졸업 후 신약 연구소에서 연구원으로 3년간 근무하다가 블로그에 연재하던 글을 모아 2002년 『하리하라의 생물학 카페』를 출간했다. 이후 『하리하라의 과학 블로그』, 『하리하라의 생물학 카페』 등 다수의 하리하라 과학 시리즈를 출간하며 본격적인 저술 작업을 시작했다. 현재는 '과학책방 갈다'의 이사이자, 과학 커뮤니케이터로 일한다. 최근에는 『미래를 읽다 과학 이슈』 시리즈와 『하리하라의 사이언스 인사이드』 등을 저술했다. 제21회 한국 과학 기술 도서상 저술 부문을 수상했다.

장대익

서울 대학교 자유 전공학부 교수. KAIST 기계 공학과를 졸업하고 서울 대학교 과학사 및 과학 철학 협동 과정에서 생물 철학 및 진화학을 연구해 석사와 박사 학위를 받았다. 미국 터프츠 대학교 인지 연구소 연구원, 서울 대학교 과학 문화 센터 연구 교수, 동덕 여자 대학교 교양 교직 학부 교수를 거쳐 현재 서울 대학교 자유 전공학부 교수로 재직하고 있다. 한국 인지 과학회 회장을 역임하고 서울 대학교 인지 과학 연구소 소장, 비대면 교육 플랫폼 스타트업 ㈜트랜스버스의 대표로 활동하고 있다. 문화 및 사회성의 진화에 대해 연구한다. 저서로는 『다윈의 식탁』, 『다윈의 서재』, 『다윈의 정원』, 『울트라 소셜』 등이 있고 『종의 기원』, 『통섭』 등을 번역했다. 2009년 제27회 한국 과학 기술 도서상 저술상과 2010년 제11회 대한민국 과학 문화상을 수상했다.

전중환

경희 대학교 후마니타스 칼리지 교수. 서울 대학교 생물학과를 졸업하고 최재천 교수 연구실에서 한국산 침개미의 사회 구조 연구로 행동 생태학 석사 학위를 받았다. 이후 텍사스 대학교 오스틴 캠퍼스의 데이비드 버스 교수의 지도로 진화 심리학 박사 학위를 취득했다. 가족들 간 협동과 갈등, 먼 친족에 대한 이타적 행동, 근친상간이나 문란한 성관계에 대한 혐오 감정 등을 연구하고 있다. 이화 여자 대학교 통섭원의 박사 후 연구원을 거쳐 현재 경희 대학교 교수로 재직하면서 진화적 관점에서 들여다본 인간 본성을 강의하고 있다. 『진화한 마음』, 『본성이 답이다』, 『오래된 연장통』을 저술하고 『욕망의 진화』,

『적응과 자연선택』을 번역했다.

정지훈

모두의연구소 최고 비전 책임자. 한양 대학교 의과 대학을 졸업하고 서울 대학교에서 보건 정책 관리학 석사와 미국 서던 캘리포니아 대학교에서 의공학 박사 학위를 받았다. 우리들병원 생명 과학 기술 연구 소장, 명지 병원 IT 융합 연구 소장을 역임했다. 다음세대 재단 이사, 모두의연구소 최고 비전 책임자(CVO)로 재직 중이다. 또한 빅뱅엔젤스 매니징 파트너, DHP 파트너, 카카오엔터테인먼트의 고문, 대구경북과학기술원(DGIST)의 겸직 교수로도 일하고 있다. 『거의 모든 IT의 역사』, 『거의 모든 인터넷의 역사』, 『내 아이가 만날 미래』, 『무엇이 세상을 바꿀 것인가』 등을 저술했다.

조천호

경희 사이버 대학교 기후 변화 특임 교수. 연세 대학교에서 대기 과학을 전공해 박사 학위를 받았다. 국립 기상 과학원에서 30년간 일했고, 원장을 역임했다. 세계 날씨를 예측하는 수치 모형과 탄소를 추적하는 시스템을 우리나라에 처음 구축했다. 기후 변화가 우리가 살고 싶은 세상과 어떻게 연결되는지 공부하고 있다. 변화를 꿈꾸는 과학 기술인 네트워크(ESC)와 기후 위기 비상 행동에서 활동한다. 《중앙선데이》, 《한겨레》, 《경향신문》 등 여러 매체에서 기후 위기를 다룬 글들을 연재하며 시민과 정부의 행동 변화를 촉구하고 있다. 저

서로『파란 하늘 빨간 지구』가 있고 공저로『십 대, 미래를 과학하라!』가 있다.

지웅배

연세 대학교 은하 진화 연구 센터 연구원. 연세 대학교 천문학과를 졸업하고 같은 대학교 대학원 은하 진화 연구 센터에서 은하를 연구하고 있다. 2014년 과학 커뮤니케이터를 발굴하는 경연 대회 '페임랩 코리아'에서 대상을 받아 국제 페임랩 한국 대표로 참가했다. 천문학 대중화를 위한 비영리 단체를 만들고 천문 잡지《우주라이크(*WouldYouLike*)》를 제작했다. 연세 대학교와 가톨릭 대학교에서 교양 천문학을 강의하고 있다. '우주먼지의 현자타임즈'라는 이름으로 유튜브 채널과 네이버 오디오 클립을 운영하며 콘텐츠를 만든다. 저서로는『썸 타는 천문대』,『하루종일 우주생각』,『별, 빛의 과학』,『우리 집에 인공위성이 떨어진다면?』등이 있다.

해도연

과학 저술가, SF 작가, 국가 기상 위성 센터 연구원. 일본 오카야마 대학교에서 물리학을 전공하고 종합 연구 대학원 대학(SOKENDAI)에서 원 궤도 행성 질량 천체와 원시 행성계 원반에 대한 관측적 연구로 박사 학위를 받았다. 현재 국가 기상 위성 센터에서 근무하면서 SF 작품집『위대한 침묵』과 천문학 교양서『외계행성: EXOPLANET』을 저술했다.『외계행성: EXOPLANET』은

APCTP의 2019년 올해의 과학 도서로 선정됐다. 이 외에도 『텅 빈 거품』, 『대멸종』, 『꼬리가 없는 하얀 요호 설화』 등 다양한 공동 작품집과 《오늘의 SF》, 《크로스로드》 등 잡지에 단편 소설을 게재했다. 브릿G 작가 프로젝트, 타임리프 소설 공모전, 어반 판타지 공모전 등에서 수상했다.

용어 해설

결어긋남(decoherence) 양자 역학은 0과 1의 두 가지 상태가 동시에 공존하는 중첩을 허용한다. 하지만 관측을 통해 상태를 확인하면 0 또는 1 가운데 하나의 값을 갖게 된다. 이처럼 관측으로 중첩을 깨뜨려 상태를 하나로 확정하는 과정을 결어긋남이라 한다. 이 용어는 파동이라는 현상에서 쓰이는 것인데, 직관적으로 그 관계를 이해하기는 어렵다. 실제 결어긋남은 대상이 되는 시스템과 외부 사이에 존재하는 모든 종류의 상호 작용을 통해 일어날 수 있다. ☞3장

국제 소행성 경보 네트워크(IAWN)와 우주 임무 기획 자문 그룹(SMPAG) 국제 소행성 경보 네트워크(International Asteroid Warning Network, IAWN)는 지구 충돌이 예측되는 NEO의 발견, 추적, 계산, 경보 발령을 담당하는 가상 네트워크이다, 우주 임무 기획 자문 그룹(Space Mission Planning Advisory Group, SMPAG)은 실현 가능한 피해 최소화 대책과 궤도 변경 임무를 제안하는 실무 그룹이다. UN 승인 아래 활동하며, 한국 천문 연구원이 2개 조직의 한국 대표를 맡고 있다. ☞14장

근지구 천체(near-earth object, NEO) 태양을 공전하는 소행성과 혜성들 가운데 태양 최접근 거리가 1.3천문단위(1천문단위는 지구와 태양의 평균 거리)보다 가까운 것을 말한다. 그중에 추정 지름이 140미터보다 크고 지구 궤도와 천체 궤도가 가장 접근했을 때 0.05천문단위보다 가까운 소행성을 지구 위협 소행성(potentially hazardous asteroid, PHA)이라고 부른다. 2021년 3월 14일 현재 알려진 NEO와 PHA는 각각

2만 5492개, 2,150개다. ☞14장

기온 상승 시점의 기준 일반적으로 인간 활동에 의한 지구 가열은 화석 연료를 사용하기 시작했던 산업 혁명(1750년) 이후에 일어났다고 기술된다. 실제 대부분 경우는 1850년부터 1900년까지의 평균에서 상대적인 기온 변화다. IPCC와 세계 기상 기구(WMO)도 이 기준을 따른다. 1850년 이전에는 온도계 관측 자료가 전 지구의 평균 기온을 계산할 수 있을 정도로 충분하지 않기 때문이다. 그리고 1900년 이전의 화석 연료 사용에 의한 기온 변화는 무시할 정도로 작기 때문이기도 하다. 온실 기체는 수백 년 동안 공기 중에 머물기에, 그 누적 효과가 1900년 이후부터 나타나기 시작했다. ☞12장

끈 이론(string theory) 물질의 기본 요소인 여러 입자를 10차원에서 진동하는 끈으로 설명하는 물리학 이론. 낮은 에너지에서는 아인슈타인의 일반 상대성 이론에 여러 가지 물질 장이 결합된 것으로 나타난다. 중력을 양자화하는 데 가장 유력한 방안이며, 차원 내림을 통해 4차원 입자 물리학의 기본 법칙을 포함할 수 있다. 다섯 가지 버전이 있으며 M 이론이라는 11차원 이론으로 통합된다. ☞4장

단백질 상 분리 현상 세포 내에 녹아 있는 수많은 단백질이 어떻게 특정 기능을 수행하기 위해 서로 모이고 흩어지기를 반복할 수 있을까? 이는 생명 현상이 어떻게 유지되는가에 대한 근본적인 질문이고 아직 과학이 답을 찾지 못한 문제이다. 최근에는 단백질 상 분리 현상이 그 중요한 기전일 것이라고 주목받고 있다. 단백질 상 분리는, 물과 기름이 서로 분리되듯이, 세포 내에 녹아 있던 단백질들이 (때로 DNA 혹은 RNA 같은 핵산과 함께) 외부 자극 등으로 인해 물리적 특성을 바꾸면서 마치 상이 분리되는 것처럼 모여서 특정한 생리적 기능을 수행하는 구조물을 만드는 현상이다. 이 현상은 가역적인 과정으로 이 과정에 이상이 생겨 더 이상 가역적인 구조를 만들지 못하고 비가역적인 상태로 단백질들이 엉기게 되면 알츠하이머나 파킨슨, 프리온 병 같은, 단백질이 엉겨서 생기는 많은 질환의 원인이 되는 것으로 추정되고 있다. 그 메커니즘은 아직 상세히 밝혀지지 않았고 기전에 대한 본격적인 연구도 이제 막 시작되었다. ☞6장

데이터교(Dataism) 대 미래의 길(Way of the Future) 빅 데이터와 AI가 서로 밀접한 만큼 두 종교도 비슷해 보이지만, 사실 차이가 더 크다. 데이터교는 미래를 상상하는 이

들이 예상한 종교이고, 미래의 길은 미래를 확신하는 이들이 미리 창시한 종교다. 데이터교는 정보의 흐름을 궁극적 가치로 믿고, 미래의 길은 인격체가 될 초지능 AI를 숭배한다. 데이터교의 신앙 대상이 우주적 원리인 다르마나 도(道)에 가깝다면, 미래의 길의 신앙 대상은 절대자 유일신인 야훼나 알라에 가깝다. 미래의 길은 2020년 연말 창시자인 레반도프스키에 의해 해산되었고 그 재산은 전미 유색인 지위 향상 협회(National Association for the Advancement of Colored People, NAACP)에 기부되었다. ☞17장

딥 러닝(deep learning) 인공 지능, 머신 러닝(machine learning), 딥 러닝은 혼용되면서 많은 사람을 헷갈리게 하고 있다. 인공 지능에는 머신 러닝 외에도 추론이나 인공 지능 플래닝, 기호주의 인공 지능 기술 등 다양한 기술들이 존재한다. 인공 지능의 한 지류라고 할 수 있는 머신 러닝은 다시 지도 학습, 비지도 학습, 강화 학습 등 용도와 방식에 따라 다양한 종류로 나뉜다. 그중에 인공 신경망 기술을 이용한 머신 러닝 기술들이 있는데, 딥 러닝은 그 학습 신경망의 깊이가 깊어서 '딥(deep)'이라는 단어가 붙었다. 정리하자면 딥 러닝은 머신 러닝의 일종이고, 머신 러닝은 인공 지능의 일종이다. ☞19장

멱함수 법칙 분포(power-law distribution) 수학적 표현으로 거듭제곱으로 표현되는 분포이다. 척도 없는 네트워크의 경우 거듭제곱 지수는 2와 3 사이의 실수로 그 분포의 평균은 존재하나 분산과 표준 편차가 발산하는 경우에 해당한다. 때로 경제학 관련 문헌에서 두꺼운 꼬리 분포 혹은 파레토 분포(Pareto distribution)로 표현되기도 한다. ☞18장

바이오마커(biomarker) 지구 바깥에서 수집되거나 관측될 수 있는 대상 중에서 생명 활동이 아닌 다른 현상으로는 발생하기 어려운 물질이나 현상을 말한다. 대표적으로 산소(O_2), 오존(O_3), 레드 에지 등이 있다. 반면 메테인(CH_4)은 생명 활동으로 발생하는 대표적인 물질이지만 화산 활동 등 자연 현상을 통해서도 대량으로 발생하기 때문에 바이오마커에 포함되지 않는다. 하지만 생명 활동이 있다면 메테인 역시 존재할 가능성이 높기 때문에 2차 바이오마커로 분류되기도 한다. 물 역시 그 자체로는 생명의 직접적인 증거가 되지 않지만 생명이 존재하기 위해서 반드시 있어야 한다고 생각되기 때문에 2차 바이오마커라고 할 수 있다. 2020년에 금성 대기에서 발견

된 인화수소 또는 포스핀(PH_3)은 기체 행성에서는 생명 활동 없이도 발생할 수 있지만 암석 행성에서는 그렇지 않기 때문에 조건부 바이오마커로 검토되고 있다. ☞8장

백두산 북한 양강도와 중국 지린 성의 국경 지대에 있는 높이 2,744미터의 화산. 중국에서는 창바이산(長白山)이라 부른다. 정상에는 최대 지름 4.5킬로미터의 칼데라 호, 천지가 있다. 천지에는 약 20억 톤의 물이 저수되어 있어, 실제 분화가 일어날 경우 대규모 화산 홍수, 즉 라하르의 발생이 우려되고 있다. 천지 주변에는 16개의 외륜산이 둘러싸고 있다. 946년, 기원후 최대의 화산 분화를 일으켰다. 그 후 현재까지 지구상에서 이를 능가하는 화산 분화는 일어나지 않았다. 이때 화산 폭발 지수 7이었고, 화산재는 편서풍을 타고 일본 북부 지방에 널리 퇴적되었다. 3개의 심부 단열대의 교점인 삼중점에 위치하는데, 이곳은 지각의 압력이 낮고 마그마가 모여들기 쉬운 구조다. ☞13장

보편성(universality) 통계 물리학의 중요한 전통적인 연구 주제 중 하나가 바로 상전이와 임계 현상이다. 온도와 같은 조절 변수가 변하면 얼음이 녹아 물이 되듯, 거시적인 물질의 특성에 급격한 변화가 생길 수 있다. 이러한 상전이가 일어나고 있을 때 관찰되는 여러 임계 현상은 물리계를 이루는 구성 요소의 세부적인 특성에 그다지 의존하지 않는 보편성을 보인다. 임계 현상의 보편성은 전체 사회가 보여 주는 거시적인 특성이 이론 모형 안 구성 요소의 세부적인 차이에 크게 의존하지 않을 수 있다는 것도 알려준다. 박수의 박자를 맞추는 청중, 함께 반짝이는 반딧불이, 서로 연결되어 함께 움직이는 메트로놈 등, 여러 다양한 현상을 공통된 단순한 이론 모형으로 설명할 수 있는 것도 통계 물리학의 보편성으로 이해할 수 있다. ☞16장

브레이크스루 리슨(Breakthrough Listen) 현재 가장 활발하게 진행 중인 세티 프로젝트다. 2016년 러시아의 투자가 유리 밀너가 1억 달러를 기부하면서 시작되었다. 이 기금으로 그린 뱅크 전파 망원경이나 파크스 전파 망원경 같은 전파 망원경의 관측 시간을 사서 세티 관측을 수행하고 있다. 일부는 광학 망원경을 활용한 세티 관측에도 투입되고 있다. 외계 지적 생명체에게 보내는 메시지를 공모하는 사업도 계획하고 있다. 캘리포니아 대학교 버클리 캠퍼스 천문학과에 위치한 세티 연구 센터가 주관해서 10년 동안 진행될 예정이다. 전파 망원경을 사용해 인공적인 전파 신호를

포착한다는 세티 프로젝트의 패러다임을 검증해 볼 수 있는 관측 프로젝트가 될 것으로 기대하고 있다. ☞9장

블랙홀(black hole) 빛의 속도로도 중력의 영향에서 탈출할 수 없을 정도로 아주 무거운 물체. 태양 질량의 3배 정도에서 수억 배가 되는 것까지 다양하게 존재한다. 2016년 LIGO 실험팀은 두 블랙홀이 병합하면서 발생하는 중력파를 최초로 검출하였다. ☞4장

빅 립(big rip) 우주의 끝, 즉 궁극적 종말에 대한 여러 가설 중 하나다. 우주의 가속 팽창이 계속되다 보면, 먼 미래에 은하, 별, 행성 들만 흩어지는 게 아니라, 그 팽창이 원자핵, 전자 사이의 결합력까지 압도하게 되어 결국 원자보다 더 작은 수준으로 우주의 모든 구성 요소가 산산이 쪼개질 수 있다고 설명한다. 빅 립 가설의 창시자 로버트 컬드웰(Robert R. Caldwell)은 앞으로 약 220억 년 뒤에 이런 종말이 찾아올 것이라 추정하고 있다. ☞5장

상대성 이론(theory of relativity) 운동의 기준이 되는 절대적 관찰자는 없고 모든 운동은 상대적이라는 주장. 빛의 속도가 일정하다는 사실에 적용하면 시간과 공간은 더 이상 독립적이지 않으며 시간 지연, 길이 수축 등의 현상을 예측할 수 있다. ☞5장

생물다양성(biodiversity) 지구 각지의 자연계에 존재하는 생물의 다양한 정도를 가리킨다. 생물학적 위계 또는 조직의 모든 수준, 즉 유전자, 개체, 종, 군집, 생태계 등 각각의 수준에서 발견되는 모든 다양성을 포괄한다. 또한 각 수준과 수준 간의 관계 및 상호 작용의 다양성 그리고 그것을 가능하게 하는 각종 생태적 과정과 기전의 다양성을 의미한다. 생물다양성을 측정하는 방법 및 지표 역시 다양하다. 종 풍부도는 단위 지역에 존재하는 전체 종의 수를 말하고, 종 균등도는 군집에서 종 간 개체수가 얼마나 균등하게 분포하는지를 가리킨다. 또한 한 서식지의 다양성을 알파 다양성, 근접한 여러 서식지 간의 차이를 베타 다양성, 여러 서식지에 걸쳐 나타나는 전체적 다양성을 감마 다양성이라고 하기도 한다. ☞11장

생태계 서비스(ecosystem service) 생태계의 자연적인 작동 원리가 만들어 내는 각종 결과, 조건 및 과정들이 인간 사회에 직간접적으로 제공하는 혜택을 의미한다. 가령 인간의 삶에 필수적인 물, 공기, 영양 물질의 순환 등의 생명 조건들은 지구의 자연 서식지에서 벌어지는 생태적 과정을 통해 만들어지고 유지된다. 식량 생산은 농작

물이 벌이나 나비와 같은 수분 매개자의 생태적 활동에 크게 의존하며, 산업의 과정에서 발생하는 폐수나 중금속 등의 오염 물질은 습지에 의해 정화 및 처리된다. 해안가에 생장하는 맹그로브 숲이 쓰나미나 홍수 등의 침수를 방지 및 완화하는 물리적 기능도 이에 해당된다. 이와 더불어 자연 경관이나 야생적 경험이 인간의 정신에 가져다주는 심리적, 미학적, 철학적 가치 또한 생태계 서비스의 일부이다. ☞11장

세포 손상에 대한 비사멸적 반응(non-lethal processe) 손상된 세포가 반드시 모두 죽음으로만 연결되는 것은 아니다. 때로는 손상된 상태 그대로 생존하거나, 나름의 기능을 수행할 수도 있다. 이 반응에는 세포 노화 말고도 유사 분열 파국과 세포 말단 분화가 있다. 유사 분열 파국이란 DNA 손상으로 인한 세포핵 자체의 변화로 인해 세포 분열이 정지된 상태의 세포를 말한다. 이러한 상태가 오래 지속되면 사멸의 수순을 밟게 되지만, 이를 탈피해 간기로 들어가는 세포도 존재하기에 이를 따로 분류한 것이다. 일종의 운명 미결정 상태인 셈이다. 마지막으로 세포 말단 분화란, 세포 자체는 죽지만 세포를 이루는 물질들이 해체되어 재사용되는 것이 아니라, 사멸된 세포 자체 혹은 파생된 물질이 나름의 역할을 수행하는 것이다. 피부의 각질 세포가 대표적이다. 각질 세포는 이미 생명 활동을 정지한 죽은 세포임에는 분명하나, 자체 형태를 유지하며 나름의 기능을 수행하기 때문이다. ☞10장

스핀(spin) 전자를 전하를 띤 일종의 작은 공으로 생각해 보자. 이것이 자전하면 작은 자기장이 생기는데, 이 자기장을 만드는 자기 모멘트(magnetic moment)를 스핀이라고 부른다. 놀랍게도 이 자기장 성분은 모든 전자에 대해 정확히 동일한 값을 갖는데 플랑크 상수의 정확히 절반 값을 가진다. 하지만 이를 자전으로 해석하는 것은 적절하지 않다. 전자의 '크기'를 고려해 자기 모멘트를 계산해 보면 말도 안 되는 양이 나오기 때문이다. 대신 스핀이라는 자기 모멘트는 입자의 성질을 정의하는 새로운 양자 역학적 특성으로 해석할 수 있다. ☞1장

신 노릇(playing God) 누군가가 자신이 신인 양 판단하고 행동한다며 경고할 때 쓰는 말이다. 모두를 살릴 수 없다면 누굴 살릴 것일지 정하는 일도 신 노릇 중 하나다. 영화 「프랑켄슈타인」(1931년) 속 교회 지도자들이 이 말을 쓴 뒤로 유행한 데서 알 수 있듯이, 대개 보수적 견해에서 과학을 경계하는 데 쓰인다. 그 대상도 인공 수정, 생

명 복제, 유전자 편집, 기후 공학, 인공 지능 등 다양하다. 영화 「프로메테우스」(2012년)에서 안드로이드 데이비드는 인간이 신 노릇으로 자신을 만든 걸 비웃으며 인간보다 월등한 자신만의 신 노릇을 위해 새로운 생명체들을 만든다. 에일리언의 기원이다. ☞17장

알파폴드(AlphaFold) 이세돌 9단과의 대국으로 유명한 알파고를 만든 딥마인드 사에서 단백질 구조 예측을 위해 개발한 인공 지능 기술의 명칭이다. 인공 지능을 단백질이 3차원 구조로 접혀 생성되는 메커니즘을 예측할 수 있도록 신경망을 훈련시켰다는 것과, 연속되는 아미노산 쌍들이 3차원으로 접히는 구조에서 나타나는 각도를 예측할 수 있도록 학습시켰다는 점에서 단백질의 접힘을 의미하는 '폴드(fold)'와 알파고의 '알파(alpha)'를 결합해 이름을 지었다. ☞19장

양자 컴퓨터(quantum computer) 양자 컴퓨터를 굳이 다시 설명하는 것은 사람들의 섣부른 기대나 두려움을 막기 위해서다. 양자 컴퓨터는 특정 문제 해결에 기존의 컴퓨터보다 뛰어날 가능성이 있을 뿐, 모든 문제 해결에 더 유용한 것은 아니다. 더구나 아직 제작에 많은 비용이 들고 대단히 까다로운 조건에서만 동작한다. 따라서 양자 컴퓨터가 완벽하게 구현되어도 기존의 컴퓨터를 전면적으로 대체하지는 않을 것이고, 특정 문제를 푸는 특별한 기계로 쓰일 가능성이 크다. ☞3장

오즈마 프로젝트(Project Ozma) 1960년 코넬 대학교의 전파 천문학자인 프랭크 드레이크가 미국 국립 전파 천문대 그린뱅크 전파 망원경을 사용해서 관측을 시도한 역사상 첫 번째 세티 관측 프로젝트의 이름이다. 드레이크는 태양과 비슷한 별인 고래자리 타우별과 에리다누스자리 엡실론별을 26미터짜리 그린뱅크 전파 망원경으로 1,420메가헤르츠 영역에서 관측했다. 4개월에 걸쳐서 총 150시간 정도 관측을 했지만 인공적인 전파 신호를 포착하지는 못했다. 1960년 4월 8일 인공적인 전파 신호가 포착되어서 드레이크를 흥분시켰지만 이후 비행기에서 날아온 신호인 것으로 밝혀졌다. 오즈마 프로젝트는 그 뒤 60년 동안 전개된 전파 망원경을 사용한 외계 지적 생명체 탐색의 시작점이 된 관측 프로젝트였다. ☞9장

우주 가속 팽창 1998년 솔 펄머터(Saul Perlmutter)와 애덤 리스(Adam Riess)의 연구진이 서로 독립적으로 먼 은하들의 초신성을 관측한 결과 먼 우주에 비해 가까운 우주의 우주 팽창 속도가 더 빠르다는 것을 발견했다. 우주 팽창이 갈수록 빨라진다

는 것이다. 물질들의 중력에 의해 우주 팽창이 점점 더뎌질 것이라는 기존 예측에 반하는 발견이었다. 이 가속 팽창을 설명하기 위한 시도로, 중력을 거슬러 시공간을 더 빠르게 부풀리는 암흑 에너지가 존재할 것이라는 가설이 제시되었다. ☞5장

이보디보(evo-devo) 진화 생물학의 역사에서 1940년대의 '근대적 종합'은 사실상 종합이 아니었다. 발생학을 뺀 채 진화를 이해하려는 시도였기 때문이다. 실제로 당시 독일 중심의 발생학(embryology)은 미국 중심의 초파리 유전학에 밀려 비과학적인 분야로 간주되었고 결국 배제되었다. 이보디보는 진화 발생학(evolutionary developmental biology)의 줄임말로, 1970년대에 분자 생물학의 세례를 받은 새로운 발생 유전학의 출현을 진화 생물학자들이 진지하게 수용하는 과정에서 형성된 통섭적 분야다. 이 분야는 발생과 진화의 핵심을 담당하는 혹스 유전자들을 발견하는 과정에서 부각되기 시작되었으며 1990년대 후반부터 본격적으로 논의되기 시작했다. 국내에 소개된 『이보디보, 생명의 블랙박스를 열다(*Endless Forms Most Beautiful*)』(2005년)의 저자 션 캐럴(Sean B. Carrol) 등이 대표적 연구자들이다. ☞7장

조절된 세포 사멸(regulated cell death) 세포에 내재된 하나 이상의 신호 전달 체계의 활성화에 기인하는 세포 사멸의 형태. 생체 발생 과정에서 불필요한 조직의 제거를 위해 외부 환경의 간섭 없이 저절로 일어나는 프로그램된 세포 사멸(programmed cell death)과 세포 내외의 스트레스가 세포의 항상성 유지에 심각하게 영향을 줄 정도로 강하거나 지속적인 경우에 이에 대한 스트레스 적응 방식으로 나타나는 경우가 있다. 내부 신호 전달 체계를 통해 일어나는 현상이므로, 신호 전달에 영향을 미칠 수 있는 약물을 사용하거나, 이에 유전적 변이의 발생을 유도해 세포 사멸의 진행을 조절할 수 있다. ☞10장

차원 내림 끈 이론이 수학적으로 잘 정의되려면 10차원이 필요하다. 우리는 4차원만 경험하므로 끈 이론이 옳다면 6차원 내부 공간은 작게 말려 있어야 한다. 10차원에서 하나의 입자 종이 6차원의 운동 양식에 따라 4차원에서 다양한 입자로 나타날 수 있어서, 끈 이론은 다양한 입자들을 통합적으로 다룰 수 있다. ☞4장

척도 없는 네트워크(scale-free network) 연결선 수 분포가 멱함수 법칙을 따르는 네트워크 모형이다. 항공망의 허브 공항과 같이 연결선이 아주 많은 노드도 존재하나 대부분의 작은 공항은 하나, 둘 정도의 아주 적은 연결선을 가지고 있다. 자연에 존재

하는 많은 네트워크가 이에 해당한다. ☞18장

통계 물리학(statistical physics) 상호 작용하는 많은 입자로 구성된 물리계의 거시적이고 통계적인 정보를 알아내는 물리학의 전통적인 연구 분야다. 19세기 말, 통계 역학적인 엔트로피를 제안해 기존 열역학의 엔트로피에 대한 미시적인 이론을 완성한 루트비히 에두아르트 볼츠만(Ludwig Eduard Boltzmann)이 통계 역학의 창시자라 할 수 있다. 20세기 말부터 통계 물리학의 연구 주제로 많은 사람으로 구성된 사회 시스템, 많은 경제 주체로 구성된 경제 시스템 등에 대한 연구가 부상하고 있다. 이러한 연구 분야를 복잡계 과학이라고 한다. 물리학뿐 아니라, 경제학, 경영학, 정치학 등 다양한 분야의 연구자가 복잡계 연구를 활발히 하고 있다. ☞16장

통섭(統攝, consilience) 19세기의 자연 철학자 윌리엄 휴얼(William Whewell)이 처음 만든 용어다. 한 분야에서 얻은 결론이 다른 분야에서 얻은 결론과 서로 부합한다면 그 설명이 참임을 알 수 있다는 뜻이다. 나중에 에드워드 윌슨은 통섭을 "예술, 윤리, 종교를 포함한 인간의 모든 지식 체계를 자연적 인과 관계의 단일한 그물망으로 통합하려는 시도"라는 뜻으로 썼다. 불행히도 우리나라에서는 '통섭'이 서로 무관하다고 여겨져 온 분야들 사이에 벽을 허물고 융합하려는 노력을 일컫는 말로 사용되고 있다. '국어 교육과 무용의 통섭', '인문학과 소프트웨어를 아우르는 통섭형 인재' 등이 그 예다. 이처럼 작은 대화들이 여기저기 꽃피는 양상은 윌슨이 원래 상상했던 일사불란한 큰 체계와는 정반대라고 과학 평론가 주일우는 지적했다. ☞15장

티핑 포인트(tipping point) 물이 가득 찬 컵에 물방울이 한 방울씩 떨어지면 물 높이가 컵 높이 위로 서서히 올라간다. 그러다가 마지막 한 방울에 컵보다 높아진 물이 한꺼번에 무너진다. 이처럼 미미하게 진행되는 듯하다가 어느 순간에 전체 균형이 깨져 버리는 상태가 되는 시점을 티핑 포인트라 한다. 기후 위기는 온실 기체 누적에 비례해 점진적으로 커지지 않고 어느 순간 기후계의 균형이 무너지는 티핑 포인트에서 일어난다. 인간 활동으로 증가한 이산화탄소 농도는 전체 대기 중 0.01퍼센트를 약간 넘는 수준이다. 이 작은 증가가 양의 되먹임을 통해 증폭되면서 전혀 예상하지 못했던 변화를 일으킬 수 있다. 원인이 변화를 일으키고 그 변화가 다시 원인을 키워 더 큰 변화를 일으키는 양의 되먹임이 기후를 근본적으로 불안정하게 만들기 때문이다. 티핑 포인트는 돌이킬 수 없는 순간을 의미하므로 이를 넘으면 인간

이 통제할 수 없는 상황이 된다. ☞12장

페르미온(fermion)과 보손(boson) 시공간의 대칭성인 로렌츠 대칭성을 고려하면 기본 입자가 가질 수 있는 스핀 값은 플랑크 상수를 단위로 정수(0, 1, 2, 3, …) 혹은 반정수(1/2, 3/2, …)만을 가질 수 있음을 알 수 있다. 정수 단위의 스핀을 가지는 입자를 보스 입자, 즉 보손이라고 하며, 반정수 단위의 스핀을 가지는 입자를 페르미 입자, 즉 페르미온이라고 한다. 두 페르미 입자는 같은 양자 역학적 상태에 머무를 수 없으며, 이로부터 파울리의 배타 원리가 성립하게 된다. 보스 입자는 보스-아인슈타인 통계 법칙을 따르며, 페르미 입자는 페르미-디랙 통계 법칙을 따라 온도에 따른 밀도 분포가 결정된다. 이러한 통계적 특성은 일정한 부피를 이루는 물질 입자로서 페르미 입자가 그리고 힘을 매개하는 입자로서 보스 입자가 역할을 하는 것과도 깊은 연관이 있다. ☞1장

페이지랭크 알고리듬(PageRank algorithm) 구글에서 사용하는 웹 사이트의 순위를 결정하는 알고리듬으로 1996년 래리 페이지에 의해 발명되었다. 최근까지 미국 특허 번호 US6285999B1로 등록되어 있다가 2019년에 만료되었다. 네트워크상에서 특정 노드의 중요도를 평가하는 지표로 활용된다. ☞18장

플랑크 단위(Planck unit) 시간과 길이의 단위인 초와 미터는 인간에게 편리하도록 채택된 단위이다. 1899년 독일 물리학자 막스 플랑크는 자연의 기본 상수만을 사용하여 인간의 창조물과는 무관한 '자연 단위'를 만들자는 제안을 했다. 기본 상수로는 물질의 한계 속력인 빛의 속력(c), 물질의 입자성과 파동성을 연결하는 플랑크 상수(h), 물질과 시공간을 연결하는 중력 상수(G) 등이 있다. 이들을 조합하여 만든 단위를 플랑크 단위라 하며, 1플랑크시간은 5.4×10^{-44}초이고, 1플랑크길이는 1.6×10^{-35}미터이며, 1플랑크질량은 2.2×10^{-8}킬로그램이다.

$$l_p = \sqrt{\hbar G/c^3} = 1.6 \times 10^{-35} \text{ 미터 (플랑크 길이)}$$

$$t_p = \sqrt{\hbar G/c^5} = 5.4 \times 10^{-44} \text{ 초 (플랑크 시간)}$$

$$m_p = \sqrt{\hbar c/G} = 2.2 \times 10^{-8} \text{ kg (플랑크 질량)}$$

자연의 궁극적인 이론인 양자 중력 이론에서는 플랑크 단위가 더 편리한 단위가 된다. ☞2장

합성 생물학(synthetic biology) 21세기에 시작된 합성 생물학은 유전 정보인 DNA와 그 작동 방식에 대한 이해인 분자 생물학과, 생명 현상을 하나의 유기적 시스템으로 통합, 분석하려는 시스템 생물학에 기반을 두고 있다. 합성 생물학은 자연에 존재하지 않는 생물의 구성 요소와 시스템을 설계, 제작하거나 자연에 존재하는 생물 시스템을 재설계, 제작한다. 또 합성 생물학은 어떻게 물질로부터 생명체가 만들어지고 작동하는지 그 원리를 과학적으로 밝히는 것을 목적으로 한다. 합성 생물학은 또한 생명 과학에 공학적 개념을 도입하여 인간이 원하는 목적을 수행하거나 물질을 만들어 내는 생물 시스템을 설계하고, 세포를 이를 위한 생산 공장으로 이용할 수 있도록 하는 응용 과학이기도 하다. 합성 생물학은 현재 환경, 식량, 에너지, 의료 등 인류가 당면한 거의 모든 문제를 해결할 핵심 기술로 여겨지면서 빠르게 발전하며 산업화되고 있다. ☞6장

해구형 지진과 직하 지진 판과 판의 경계에는 가늘고 긴 해저 지형이 만들어진다. 깊이가 6,000미터 이상일 때 '해구', 그 이하일 때 '해곡'이라 한다. 리히터 규모 8 이상의 거대 지진은 주로 이 해구나 해곡을 진원으로 발생하며 쓰나미를 동반한다. 이를 '해구형 지진'이라고 한다. 이에 비해 직하 지진은 내륙의 활성 단층에서 발생하는 진원이 얕은 지진을 말한다. 도시의 직하 지진은 사람들의 주거 지역 바로 밑이 진원이기 때문에 지진의 규모가 낮더라도 피해가 크다. 일본 간토 지방에서는 역사 시대에 규모 7급의 직하 지진이 반복해서 발생했다. 특히 일본 수도 도쿄로 한정했을 때 도쿄 직하 지진 또는 수도 직하 지진이라고 한다. 도쿄 직하 지진은 사가미 해곡을 진원으로 하는 해구형 지진과 연동되어 발생할 가능성이 있다. 일본 정부에 따르면, 2036년까지 규모 7급의 도쿄 직하 지진이 일어날 확률은 70퍼센트라고 한다. ☞13장

해비터블 행성(habitable planet) 모항성(중심별)과의 거리가 적당해 행성 표면에 액체 물이 존재할 수 있는 영역을 해비터블 존 또는 생명 거주 가능 영역이라고 부르고, 여기에 위치하는 행성을 해비터블 행성이라고 한다. 해비터블 존보다 가까우면 물이 증발하고 멀면 물이 얼어 버린다. 지구와 태양 사이의 거리를 1로 하는 천문단위로

나타냈을 때, 태양계의 해비터블 존은 태양에서 0.8천문단위 떨어진 곳부터 1.5천문단위 떨어진 곳까지이다. 지구는 태양계의 해비터블 존 가운데에 위치하지만 금성은 조금 벗어났고 화성은 가장자리에 위치한다. 행성이 해비터블 존에 있다고 반드시 액체 물이 존재하거나 생명이 발생할 수 있다는 걸 의미하지는 않는다. 또한 해비터블 존의 위치 역시 온도 추정 방법 등에 따라 조금씩 달라질 수 있다. ☞8장

혹스 유전자(Hox gene) 혹스 유전자는 동물의 배 발생에서 전후 축이나 체절의 특성을 결정하는 것과 같은 발생 과정에서 중대한 기능을 담당하는 유전자를 뜻한다. 한 혹스 유전자의 염기 서열은 다른 혹스 유전자의 염기 서열과 구별되며 분리 가능하다. 예를 들어 초파리의 혹스 유전자인 안테나페디아(Antennapedia) 유전자에 돌연변이가 생기면 더듬이 자리에 엉뚱하게 다리가 발생한다. 하지만 다른 부분에는 손상이 생기지 않는데, 이는 혹스 유전자가 체절 정체성과 체절 부속 기관의 발생 과정에 결정적 역할을 할 뿐만 아니라, 다른 혹스 유전자와는 기능적으로 분리되어 있다는 뜻이기도 하다. 이보디보에서는 혹스 유전자들 사이에 이렇게 기능적으로 분리되어 있는 현상을 '모듈성(modularity)'이라고 한다. 모듈은 레고 블록 같은 것이다. 모든 생명체는 모듈로 이루어져 있다. ☞7장

홀로그래피(holography) 홀로그래피는 3차원 입체 영상을 2차원 표면에 간섭 무늬로 기록하고 재생하는 기술이다. 블랙홀 열역학에서 영감을 받은 헤라르뒤스 엇호프트(Gerardus 't Hooft)는 양자 중력의 특성으로 공간의 부피에서 일어나는 일이 한 차원 낮은 그 공간의 경계면을 통해서 모두 기술될 수 있다는 홀로그래피 원리를 제안했다. 1997년 후안 말다세나(Juan Maldacena)는 초끈 이론에서는 AdS/CFT(반 더 시터르 공간/등각장론) 대응이라는 방식으로 홀로그래피 원리가 성립한다는 것을 제안했고, 이후 많은 구체적인 사례를 통해 확인되었다. ☞2장

환원주의(reductionism) 자연의 복잡한 실체가 한 단계 낮은 수준에 있는 구성 요소 간의 상호 작용으로 설명될 수 있다는 관점을 말한다. 흔히 "그 사람은 환원주의자야!"라는 말은 "그 사람은 천하의 대역죄인이야!"라는 뜻으로 통용된다. 그러나 사람들이 두려워하는 '나쁜' 환원주의자는 현실 세계에 없다. 사실, 진정한 설명은 어떤 식으로든지 환원을 포함한다. 낮은 단계의 구성 요소들이 어떻게 복잡한 실체를 만들었는지 알아야만 비로소 '그것은 왜 그렇게 존재하는가?'에 답할 수 있기 때

문이다. 일단 환원을 해야만 대상이 위치하는 바로 그 수준에서 일어나는 창발적인 특성을 온전히 이해할 수 있다. 인간 삶의 어떤 측면을 환원주의로 설명할 수 없다면, 다른 그 무엇으로도 설명할 수 없다. ☞15장

더 읽을거리

1. 물질의 최소 단위를 찾는 모험의 끝은?: 입자 물리학의 표준 모형을 넘어서

무라야마 히토시, 김소연 옮김, 박성찬 감수, 『왜, 우리가 우주에 존재하는가』(아카넷, 2015년).

무라야마 히토시, 김소연 옮김, 박성찬 감수, 『우주가 정말 하나뿐일까? 최신 우주론 입문』(아카넷, 2016년).

리사 랜들, 김연중, 이민재 옮김, 『숨겨진 우주』(사이언스북스, 2008년).

2. 시간과 공간에도 최소 단위가 있을까?: 플랑크 시간과 공간의 수수께끼

김항배, 『태양계가 200쪽의 책이라면』(세로, 2020년).

김항배, 『우주, 시공간과 물질』(컬처룩 , 2017년).

3. 양자 역학의 두 번째 정보 혁명은 어떻게 오는가?: 양자 컴퓨터의 최전선

김상욱, 『김상욱의 양자 공부』(사이언스북스, 2017년).

김상욱, 『떨림과 울림』, (동아시아, 2018년).

김상욱, 『김상욱의 과학 공부』 (동아시아, 2016년).

김상욱, 유지원, 『뉴턴의 아틀리에』(민음사, 2020년).

4. 궁극의 물리 이론은 무엇인가?: 표준 모형 너머를 꿈꾸는 끈 이론

맥스 테그마크, 김낙우 옮김, 『맥스 테그마크의 유니버스: 우주의 궁극적 실체를 찾아가는 수학적 여정』(동아시아, 2017년).

리 스몰린, 김낙우 옮김, 『양자 중력의 세 가지 길』(사이언스북스, 2007년).

레너드 서스킨드, 김낙우 옮김, 『우주의 풍경』(사이언스북스, 2011년).

5. 우주의 끝은 어디인가?: 우리 우주는 매일매일 조금씩 더 ……

마이크 브라운, 지웅배 옮김, 『나는 어쩌다 명왕성을 죽였나』(롤러코스터, 2021년).

지웅배, 『우리 집에 인공위성이 떨어진다면?』(창비교육, 2018년).

베키 스메서스트, 송근어 옮김, 지웅배 감수, 『우주를 정복하는 딱 10가지 지식』(미래의창, 2021년).

6. 어디서부터가 물질, 어디서부터가 생명?: 생화학의 입장에서 본 생명

송기원, 『생명』(로도스, 2014년).

송기원, 『송기원의 포스트 게놈 시대』(사이언스북스, 2018년).

김응빈, 김종우, 방연상, 송기원, 이삼열, 『생명과학, 신에게 도전하다』(동아시아, 2017년).

이명현, 송기원, 신의철, 박정호, 『2020 노벨상 강의』(EBS BOOKS, 2020년).

토마스 베리, 브라이언 스윔, 맹영선 옮김, 『우주 이야기』(대화문화아카데미, 2012년).

빌 브라이슨, 이덕환 옮김, 『거의 모든 것의 역사』(까치, 2003년).

7. 다윈의 진화론은 지금도 과학의 최전선일까?: 『종의 기원』이 남긴 세 가지 선물

찰스 다윈, 장대익 옮김, 『종의 기원』(사이언스북스, 2019년).

장대익, 『다윈의 서재』(바다출판사, 2015년).

장대익, 『다윈의 식탁』(바다출판사, 2016년).

장대익, 『다윈의 정원』(바다출판사, 2017년).

장대익, 『울트라 소셜』(휴머니스트, 2018년).

장대익, 『사회성이 고민입니다』(휴머니스트, 2019년).

8. 우리는 혼자인가?: 태양계 제2생명과 우주 생물학의 최전선

해도연, 『위대한 침묵』(그래비티북스, 2018년).

해도연, 『외계행성: EXOPLANET』(그래비티북스, 2020년).

폴 데이비스, 문홍규, 이명현 옮김, 『침묵하는 우주』(사이언스북스, 2019년).

이강환, 이명현, 이유경, 문경수, 최준영, 『외계생명체 탐사기』(서해문집, 2015년).

시아란, 심너울, 강유리, 범유진, 해도연, 『대멸종』(안전가옥, 2019년).

정소연, 전혜진, 정보라, 연상호, 해도연 외 16명, 『오늘의 SF #1』(arte(아르테), 2019년).

9. 지적 생명체 진화의 끝은?: SETI 관점에서 본 지성의 진화

이명현, 『이명현의 과학책방』(사월의책, 2018년).

이명현, 『이명현의 별 헤는 밤』(동아시아, 2014년).

칼 세이건, 홍승수 옮김, 『코스모스』(사이언스북스, 2005년).

10. 죽음이란 질병을 치료할 수 있을까?: 생명 과학이 도전하는 죽음의 비밀

이은희, 『하리하라의 사이언스 인사이드』(살림출판사, 2019년).

이은희, 『하리하라, 미드에서 과학을 보다』(살림출판사, 2010년).

11. 왜 생명은 그토록 다양한가?: 그 신비와 상실에 대하여

김산하, 『김산하의 야생학교』(갈라파고스, 2016년).

김산하, 『살아있다는 건』(갈라파고스, 2020년).

김산하, 『비 숲』(사이언스북스, 2015년).

12. 섭씨 2도인가, 섭씨 1.5도인가?: 지구 가열과 기후 위기의 최전선

조천호, 『파란하늘 빨간지구』(동아시아, 2020년).

강양구, 권경애, 기선완, 김남일, 조천호 외 37명, 『2021 한국의 논점』(북바이북, 2020년).

13. 일본 거대 지진은 백두산 분화의 방아쇠일까?: 화산학과 지진학의 최신 질문들

소원주, 『백두산 대폭발의 비밀』(사이언스북스, 2010년).

김추령, 『내일지구』(빨간소금, 2021년).
이기화, 『모든 사람을 위한 지진 이야기』(사이언스북스, 2015년).
클롬 록스트룀, 『지구 한계의 경계에서』(에코리브르, 2017년).

14. 소행성은 죽음의 사신인가, 생명의 천사인가?: 근지구 천체 연구의 최전선

폴 데이비스, 문홍규, 이명현 옮김, 『침묵하는 우주』(사이언스북스, 2019년).
도널드 여맨스, 전이주 옮김, 문홍규 감수, 『우주의 여행자』(플루토, 2016년).
이명현, 김상욱, 강양구, 정재승, 문홍규 외 8명, 『과학 수다 1』(사이언스북스, 2015년).

15. 새로운 통섭은 어떻게 가능한가?: 통섭의 최전선

전중환, 『오래된 연장통』(사이언스북스, 2010년).
데이비드 버스, 전중환 옮김, 『욕망의 진화』(사이언스북스, 2010년).
전중환, 『본성이 답이다』(사이언스북스, 2016년).
에드워드 윌슨, 최재천, 장대익 옮김, 『통섭』(사이언스북스, 2006년).

16. 물리학은 어디까지 설명할 수 있을까?: 통계 물리학의 최전선

김범준, 『관계의 과학』(동아시아, 2019년).
김범준, 『세상물정의 물리학』(동아시아, 2015년).
마크 뷰캐넌, 김희봉 옮김, 『사회적 원자』(사이언스북스, 2010년).

17. 종교의 끝은 과학일까?: 코로나19 시대에 진단하는 종교의 미래

장대익, 신재식, 김윤성, 『종교 전쟁』(사이언스북스, 2009년).
토머스 딕슨, 김명주 옮김, 『과학과 종교』(교유서가, 2017년).

18. 구글 신은 모든 것을 알 수 있을까?: 네트워크 과학의 최신 질문들

강양구, 김상욱, 손승우, 이강영, 이권우, 이명현, 이정모, 『과학은 그 책을 고전이라 한다』(사이언스북스, 2017년).
이해웅, 정하웅, 김동섭, 『구글 신은 모든 것을 알고 있다』(사이언스북스, 2013년).

앨버트 라슬로 바라바시, 강병남, 김기훈 옮김, 『링크』(동아시아, 2002년).

19. 과학은 꼭 인간의 것일까?: 과학에서 인공 지능의 역할

정지훈, 『거의 모든 IT의 역사』(메디치미디어, 2020년).

오준호, 임창환, 우운택, 조동우, 선우명호 외 12명, 『혁신의 목격자들』(어크로스, 2019년).

찾아보기

라

마

바

사

아

자

차

카

궁극의 질문들

1판 1쇄 펴냄 2021년 10월 31일
1판 3쇄 펴냄 2022년 10월 15일

엮은이 이명현
지은이 김낙우, 김범준, 김산하, 김상욱, 김윤성, 김항배, 문홍규, 박성찬, 소원주, 손승우,
송기원, 이명현, 이은희, 장대익, 전중환, 정지훈, 조천호, 지웅배, 해도연
펴낸이 박상준
펴낸곳 (주)사이언스북스

출판등록 1997. 3. 24.(제16-1444호)
(06027) 서울특별시 강남구 도산대로1길 62
대표전화 515-2000, 팩스 515-2007
편집부 517-4263, 팩스 514-2329
www.sciencebooks.co.kr

ISBN 979-11-91187-33-5 03400